Storia dell'automotive a Vigliano Biellese

Natalino Sola

Copyright 2024 © Natalino Sola
Tutti i diritti riservati

*Voglio dedicare questo libro a Franco e Sergio
che da lassù mi guarderanno e
saranno orgogliosi di essere ricordati.
Voglio ringraziare mia moglie Maria Assunta
che è sempre stata al mio fianco,
mia figlia Mariolina e mio genero Simone
che mi hanno reso felice nonno di
una splendida bambina, Sofia.*

Prologo

Una sera, a cena con un caro amico, Ezio Lanza, si parlava dei tempi passati, quando tra una portata e l'altra mi disse:

«Sai, con la memoria che ti ritrovi, dovresti proprio scrivere un libro.»

La mia prima risposta fu sì, ricordo molte cose di Vigliano, ma da lì a scrivere un libro…

Però quella pulce nell'orecchio mi rimase anche nei giorni successivi e alla fine ho dovuto ammettere a me stesso che la voglia di raccontare era tanta. Com'era il nostro paese e come si è trasformato fino ai giorni nostri e soprattutto raccontare la storia dei due pionieri dell'auto di Vigliano: Sergio Lanza e Franco Ceria.

Il sottoscritto ha avuto la fortuna di conoscerli e di passare l'adolescenza e la prima giovinezza gomito a gomito proprio con Franco. Lui mi ha trasmesso la passione per i motori, facendomi ignorare quel fischio della fabbrica a cui i viglianesi erano abituati.

I ricordi sono importanti, plasmano ciò che siamo, e questa è la mia storia e quella del mio paese.

1

Vigliano, alla fine della Seconda guerra mondiale, pur essendo già una cittadina prettamente industriale, conservava ancora alcuni aspetti caratteristici di un tipico centro agricolo.

Nonostante lo sviluppo industriale avesse iniziato a farsi sentire, i condomìni non facevano ancora parte del panorama urbano e, lungo Via Milano, si stagliavano ampi prati che segnavano i confini delle frazioni circostanti. La popolazione, in gran parte, lavorava nell'agricoltura o era impiegata nelle numerose fabbriche sparse per il territorio, tra cui spiccavano nomi come Pettinatura Italiana, Cerruti e Perolo, Filatura di Chiavazza e Lanifici Rivetti. Altri trovavano occupazione stagionale nel settore edilizio.

I villaggi Trossi e Rivetti, nati nei primi anni del ventesimo secolo, erano popolati per lo più da immigrati provenienti dalle regioni vicine e impiegati nelle stesse industrie tessili; godevano dei circoli ricreativi Erios e Aurora, avevano la propria chiesa e, in seguito, furono dotati di una scuola elementare, formando così dei quartieri autonomi all'interno di Vigliano. Le frazioni Sobrano Centro, Amosso, Santa Lucia, Avandino, Longagne erano invece abitate dalle famiglie storiche viglianesi.

A due passi dal centro di Vigliano, sorgeva l'asilo infantile, un gioiello benefico donato dalla famiglia Rivetti Mazzucchetti e affidato alle cure delle suore, che accoglieva con le sue braccia aperte una sessantina di bambini dai tre ai sei anni, me incluso.

Frequentai quell'asilo per tre anni, dal 1956 al 1959, e anche oggi, a distanza di decenni, ne conservo un ricordo caldo e vivido. I bambini erano suddivisi in due aule in base alla loro età: i più piccoli erano affidati a suor Giulia, mentre i più grandi avevano le attenzioni di suor Gasparina. Oltre a loro, c'erano altre suore a completare l'organico: la cuoca suor Piera, la tuttofare suor Maria e infine la Madre Superiora, una figura imponente che non solo guidava la comunità, ma offriva anche prestazioni infermieristiche quando era necessario.

Ma quella rimasta nel mio cuore è suor Gasparina.

Allora poteva avere circa cinquant'anni, di statura minuta, con gli occhiali da miope che le donavano un'aria severa e gentile allo stesso tempo. Originaria di Garbagnate, in provincia di Milano, era giunta a Vigliano negli anni Venti, dove sarebbe rimasta fino agli anni Settanta, e portava con sé un accento e una cadenza dialettale ben riconoscibile.

Nonostante il suo aspetto poco imponente, quando era necessario riusciva a farsi rispettare con dolcezza ma anche fermezza. Era lei a insegnarci le parti che dovevamo recitare nelle rappresentazioni e le preghiere in latino, sempre lei ad accompagnarci ai funerali in cui di quel latino avremmo dato sfoggio.

I cortei funebri erano per noi, bambini dell'asilo, occasioni tanto solenni quanto con un loro strano fascino, di cui non comprendevamo a pieno il significato. Era una gita ambita, un'opportunità di uscire dai confini scolastici; inoltre indossare la divisa nera, e il cappellino tipo marinaio, ci faceva sentire speciali. Marciavamo in fila, guidati dalle suore, e arrivati al luogo della cerimonia ci disponevamo a semicerchio davanti alla bara, pronti a recitare le nostre preghiere.

L'Ave Maria e il Padre Nostro risuonavano nell'aria con serietà infantile, la solennità del dolore e della perdita, nella nostra innocenza, non era compresa a pieno e lo affrontavamo soprattutto con grande curiosità. E poi suor Gasparina ci aveva rassicurato sul fatto che quei defunti un giorno sarebbero resuscitati.

Era un modo per onorare la loro memoria e per dimostrare solidarietà alle loro famiglie, naturalmente si trattava di famiglie che avrebbero elargito una cospicua offerta all'asilo.

Recita 8 dicembre 1958: da sinistra Franco Picariello, Claudio Cincotto, Giorgio Sola, Ruggero Zin, Natalino Sola.

29 giugno 1959: saggio di fine anno; da sinistra, Patrizia Caucino, Silvano Furlan, Natalino Sola.

Il menù della mensa non era certo sontuoso; una modesta minestra costituiva l'elemento principale, mentre tutto il resto dovevamo portarlo da casa in piccoli cestini di vimini. Posso ancora vedere i volti dei bambini schizzinosi, riluttanti a gustare quella pietanza, mentre io, sempre affamato, approfittavo della loro esitazione per assaporare anche la loro razione, senza mai perdere l'occasione per placare il mio stomaco famelico.

Ma non tutto si riduceva a pasti modesti e routine quotidiana. Due volte all'anno, le suore organizzavano con dedizione una recita. La più attesa era quella del 29 giugno, una festa in onore di San Pietro e Paolo che segnava anche la fine dell'anno scolastico.

In quelle occasioni speciali c'era uno spettatore d'eccezione: il commendatore Ermanno Rivetti in persona, figura di spicco della nostra comunità, accompagnato dalla figlia Tide.

Era stato lui ad aver fatto costruire l'asilo in memoria della moglie Silvia Mazzucchetti. Anche se avevo solo cinque anni quando morì, il suo ricordo è rimasto vivido nella mia mente: un uomo sempre elegante con i suoi baffi curati, il cappello e la pochette. Nonostante la sua apparenza burbera, il Commendatore Rivetti era noto per la sua generosità e la sua disponibilità nel soccorrere coloro che avevano bisogno di aiuto. Mia nonna mi raccontò di un episodio durante la guerra in cui si rivolse a lui per ottenere l'esonero dal servizio militare per uno dei suoi figli, che allora prestava servizio nei Balcani, dopo che il comune di residenza e altri organi preposti avevano respinto le sue richieste con varie scuse.

Il Commendatore Rivetti intervenne personalmente.

Con il suo carattere deciso e la sua autorità, si recò al distretto militare e risolse rapidamente il problema. Un gesto che dimostrò la sua influenza e il suo prestigio, e non di meno la sua umanità.

Ma per noi bambini era solo il benefattore dell'asilo e soprattutto colui che ci offriva sempre dei piccoli regali, riempiendoci così di gioia.

La scuola elementare di Vigliano centro era intitolata al tenente Arnulfo Sola, caduto eroicamente nella Prima guerra mondiale. Durante l'anno scolastico, che iniziava il primo ottobre e terminava a fine giugno, le strade che portavano alla scuola si animavano di ragazzi in divisa scolastica. Camicia o grembiule nero con colletto bianco, un segno distintivo che ci univa e ci identificava come studenti. Anche durante l'inverno sfidavamo i rigori del clima, con i più grandi che facevano da chioccia ai più piccoli.

La mensa scolastica non era ancora una realtà, quindi la strada veniva percorsa quattro volte al giorno e diventava il teatro di avventure quotidiane. In pausa pranzo, tra un'ora di lezione e l'altra, trovavamo sempre il tempo per una partitella di pallone nella piazza della chiesa, rientrando in classe madidi di sudore, con qualche livido e forse le scarpe rotte, ma carichi di energia e della gioia spensierata di quell'età.

Era un periodo fatto di semplicità e di sacrifici, ma anche di tanta vitalità e spensieratezza.

All'interno della scuola elementare la disciplina regnava sovrana e certe maestre non esitavano a far volare bacchettate con l'immancabile canna di bambù per mantenere l'ordine.

Le classi, mediamente composte da una trentina di bambini, potevano includere anche tre o quattro alunni con alcuni anni di differenza, giacché in quei tempi bastava perdere pochi giorni di scuola per rischiare la bocciatura, un destino temuto da tutti.

Durante la pausa pranzo, tutti lasciavano i libri a scuola, tranne coloro che erano stati puniti con il penso, un lavoro scolastico che il maestro assegnava oltre i compiti usuali e che poteva essere, ad esempio, scrivere venti volte una tabellina.

A loro toccava l'umiliazione di rientrare a casa con la cartella e il quaderno per espiare la loro colpa e venire sbeffeggiati dai compagni. Purtroppo, il bullismo era una realtà già presente, ma nessuno sembrava preoccuparsi di affrontarlo.

Durante la stagione invernale, le nevicate frequenti portavano a vere e proprie battaglie di palle di neve tra gli alunni, che si organizzavano in bande rivali. Era la quotidianità che qualcuno venisse colpito in modo serio, con conseguenze come un occhio nero o un'emorragia nasale. Allora il bidello Ottavio Ghirardi, aiutato dalla moglie, provvedeva con pazienza a medicare le ferite. All'epoca, nessuno avrebbe nemmeno pensato di rivolgersi al pronto soccorso.

Ricordo però un episodio. Un bambino fu colpito in pieno viso e perse i sensi per un attimo. Fu trasportato dal vicino medico condotto che provvide alle cure del caso. Fortunatamente, non fu nulla di grave, ma la paura fu tanta. Il giorno seguente, le maestre radunarono tutti gli alunni nell'aula magna e fecero intervenire le guardie comunali. Con una severa ammonizione, minacciarono di arrestare i colpevoli e portarli in una casa di correzione. All'epoca, una divisa incuteva rispetto, e quelle parole furono sufficienti a mettere fine alle lotte e a ristabilire un po' di pace all'interno della scuola.

Via Mazzia, conosciuta come Stra Cantun per i residenti di Vigliano, era una delle strade più frequentate dai bambini che dalla frazione Amosso dovevano raggiungere la scuola nel centro del paese. I più piccoli erano accompagnati dalla signora Ines Mazzia, una generosa pensionata che, non avendo nipotini, si dedicava a un'opera di volontariato molto utile per le famiglie impegnate nel lavoro.

Quando pioveva le mamme consegnavano alla mitica Ines gli ombrelli e lei li distribuiva ai bambini davanti alla scuola, senza sbagliare. Accompagnava e teneva sott'occhio i bambini lungo la strada, si prodigava nel dividerli da baruffe minacciando di informare i genitori o addirittura chiamare le guardie, infine aiutava quelli più piccoli che dovevano attraversare Via Milano, già allora pericolosa e trafficata.

Ai tempi non esistevano ancora i semafori e nelle ore di punta nei tre crocevia più importanti del paese (Sobrano, Centro, Amosso) c'era sempre un vigile del traffico pronto ad assistere i bambini e gli adulti nell'attraversare la strada in sicurezza.

In cinque anni di scuola elementare cambiai ben quattro maestre, tra queste una mi ha lasciato un'impressione indelebile. Era particolarmente severa e dura. La sua priorità sembrava essere la nostra partecipazione alla Santa Messa domenicale. Ricordo ancora la sua voce tagliente mentre interrogava la classe il lunedì mattina, cercando di scoprire chi di noi non aveva presenziato alla cerimonia. Le domande erano precise e inquietanti: "Chi era il celebrante? Di cosa ha parlato nell'omelia?". Le punizioni per chi inventava bugie erano severe: castigo a casa e la pena aggiuntiva di scrivere cinquanta volte la frase "La domenica devo andare a messa".

In quei tempi, sembrava che il rispetto per l'autorità degli insegnanti fosse immutabile, nessun genitore avrebbe osato contestare i metodi o le punizioni impartite dalla maestra.

La scuola era divisa in tre file di banchi basate sul rendimento: la prima per i più bravi, la seconda per i "sufficienti" e la terza per i "ripetenti", chi finiva lì difficilmente veniva promosso.

Ricordo un mio compagno di banco, un ragazzo sveglio, con una grande memoria e bravo in aritmetica, ma un po' troppo vivace. Una volta, per avere fatto un versaccio, fu punito pesantemente con delle bacchettate sulle gambe che lasciarono i segni. Anche a casa non fu risparmiato, suo padre, severo, lo castigò ulteriormente. Quel fatto mi colpì profondamente.

Ora mi rallegro nel vedere che molti degli studenti della "terza fila", adesso adulti e anche nonni, sono diventati imprenditori di successo, malgrado il giudizio di allora degli insegnanti.

Un giorno, verso la fine dell'anno scolastico, la nostra classe ricevette la visita del direttore didattico, un uomo brizzolato già avanti con l'età. Dopo i convenevoli con la maestra, cominciò a interrogare partendo dai primi banchi, dove sedevano gli alunni più bravi e, con lo stupore di tutti maestra compresa, questi traditi dall'emozione si impappinarono e scappò anche qualche lacrimuccia. A quel punto il direttore, con fare austero, chiese se qualcuno sapeva qualcosa sulle guerre di indipendenza e io alzai la mano.

Cominciai a raccontare tutta la storia, partendo dal 1848 fino all'attentato di Sarajevo nel 1914, a quel punto il direttore mi fermò, poi parlò un po' con la maestra, interrogò ancora qualcun altro e infine se ne andò promettendo di tornare presto.

Tutta quella conoscenza sulle guerre d'indipendenza non era frutto di noiosi libri di testo, ma degli inserti delle riviste che mia zia, che gestiva un'edicola, passava a mia madre per accendere il fuoco. All'epoca, le riviste invendute non andavano restituite, bastava tagliare la testata. La maestra, meravigliata, mi chiese dove avessi studiato tutto quel materiale che non era spiegato così dettagliatamente nel libro, e io le dissi delle riviste e di come mi ero appassionato alla storia di quel periodo. La maestra mi gratificò con un bel "bravo" e mi diede quattro caramelle alla liquirizia.

Non ero certo un fenomeno a scuola, stavo nel mezzo, non ero molto incentivato dai miei genitori. La mia famiglia non era benestante e, durante i cinque anni di scuola elementare, mia madre non mise mai piede dentro la scuola per parlare con la maestra, a differenza di molte altre che accompagnavano i loro figli ogni giorno e ossequiavano l'insegnante con qualche regalino.

Alla fine di ogni anno scolastico venivano premiati i tre alunni di ogni classe meritevoli per profitto e un quarto riceveva il premio della bontà. La cerimonia si svolgeva nel piazzale davanti la scuola, affollato dagli alunni e da alcuni genitori. I premi, messi in palio da qualche famiglia importante del paese e da un noto istituto di credito già operante in zona, consistevano in libretti della Cassa di Risparmio di Biella contenenti tremila lire per il primo classificato, duemila per il secondo e mille per il terzo. Il premio della bontà era di duemila lire. Ma in quel contesto il guadagno maggiore era sempre dell'istituto di credito che aveva messo in palio i premi, perché quando i beneficiari esigevano il pagamento si trovavano di fronte il bancario di turno che, con mille elogi al ragazzo premiato, convinceva sempre i familiari ad aprire un conto nel quale sarebbero poi confluiti i prossimi premi o eventuali regali.

Quell'anno, tra lo stupore generale, il terzo premio fu mio.

Il giorno successivo, mi dissero che la maestra aveva dovuto scusarsi con alcune mamme perché non aveva premiato i loro figli. Durante il collegio dei docenti, il direttore aveva imposto di premiare quel ragazzo dai capelli rossi che aveva imparato a memoria la storia dell'unità d'Italia.

Gli anni successivi il premio fu abolito per non creare discriminazioni e polemiche inutili, io lo ritirai dalla banca quindici anni dopo e mi trovai circa trenta lire di interesse.

Fu da allora che iniziai a guardare con diffidenza le banche.

Durante le vacanze estive erano pochi i ragazzi che avevano la possibilità di permettersi una vacanza al mare, alcuni erano ospiti delle colonie marine, ma molti altri occupavano il tempo con un lavoretto. Ai giorni nostri fa specie sentir parlare di lavoro minorile in diverse parti del mondo, ma da noi sessanta anni fa e anche meno era la quotidianità. A dieci, undici anni, andavano dai fioristi a innestare le rose o ad annodare fili in qualche roccatura o dipanatura ubicate in qualche scantinato. Chi aveva i genitori, o qualche parente con un'attività, si rendeva utile presso di loro.

La paga era di circa cinquanta lire orarie, lo stipendio di due mesi serviva per qualche sfizio e un paio di scarpe nuove.

I controlli della Guardia di finanza e dell'Ispettorato del lavoro erano pressoché inesistenti, però a mia memoria non ricordo di nessun infortunio.

Classe 1 elementare, maggio 1960.

Classe 3 elementare, maggio 1962.

2

I trasporti merci locali si basavano principalmente sull'uso di cavalli, come i funerali che erano appannaggio del signor Romildo Brovarone.

Al giorno d'oggi un funerale con i cavalli verrebbe considerato un lusso sfarzoso, ma in un tempo nemmeno così lontano era una consuetudine alla portata di tutti, mentre quello con il carro funebre a motore era solo per pochi eletti.

Conservo ancora un vago ricordo del signor Brovarone e la sua pariglia di cavalli neri, rigorosamente per i funerali, e quella di cavalli bianchi usati solo per i matrimoni e altri eventi festosi. Ricordo anche gli ultimi carrettieri, Secondino Bora e Pietro Pastori detto Pidrin, che con un cavallo e un piccolo carro (*tumbarell,* in dialetto viglianese) andavano nel torrente Cervo a caricare la sabbia, raccolta a mano con la pala, da portare nei cantieri edili.

L'arrivo dei carrettieri era inconfondibile: il tintinnio dei campanelli, lo schioccare della frusta, le urla di incitamento al cavallo, il loro canto spensierato. Ovviamente, il loro passaggio lasciava per le strade dei maleodoranti escrementi (oggi abbiamo le polveri sottili, che invece non puzzano...), ad alcuni questo dava fastidio, altri invece ne approfittavano e li raccoglievano per concimare gli orti.

In quell'epoca la rete fognaria era solo parziale, i servizi igienici erano fuori dell'abitazione in piccoli box e andavano svuotati regolarmente. L'impresa addetta a svolgere tale mansione, oggi denominata autospurghi, era quella del signor Aldo Oliaro, grande carrettiere di Sobrano. Anche in quel caso nulla andava sprecato, il materiale raccolto finiva a concimare orti e campi, i fertilizzanti chimici erano ancora sconosciuti.

Quando nevicava, il signor Oliaro riceveva l'incarico dal Comune di spazzare la neve, cosa che faceva con uno spartineve trainato da cavalli, chiamato lescia. Girava tutte le vie e i cortili accompagnato dal cantoniere comunale e da qualche occasionale aiutante. Gli abitanti della zona offrivano loro un bicchiere di vino, un caffè oppure un bel grappino, e alla fine andavano dal Generino, una nota trattoria di Sobrano, per una merenda sinoira, tipico pasto piemontese pomeridiano che, per l'abbondanza del cibo, di solito va a sostituire la cena.

Successivamente Oliaro acquistò un camion Lancia Beta e negli anni successivi andò a caricare la calce viva nella cava di Curino, per portarla ai vari costruttori edili di Vigliano e dintorni.

Il signor Romildo Brovarone con la pariglia di cavalli neri.

La Lescia (spazzaneve) trainata dai cavalli.

Un altro pioniere dei trasporti fu Celso Sola, dapprima con i cavalli e poi con i camion, trasportando merci in tutto il nord Italia. Accanto a lui la moglie, Ersilia Morelli, la prima donna del Biellese ad avere la patente per la guida di autotreni.

Considerato il numeroso uso di cavalli nei trasporti e nei lavori, non poteva mancare la figura del maniscalco. Si trovava nel centro di Vigliano in via Detomati, a due passi da via Milano, era il signor Efrem Brovarone. Svolgeva la sua attività a pieno ritmo. Noi bambini, quando andavamo a scuola, ci fermavamo spesso a curiosare i cavalli in attesa di essere ferrati.

In via Spina, all'altezza dell'attuale superstrada, sorgeva invece la fucina di Ottavio Badà.

Era una casa di un centinaio di metri quadri scavata nella terra, ricordo che per entrare bisognava scendere dieci gradini e il pavimento era in terra nera battuta, così come neri erano anche i muri delle stanze, a causa dei fumi che emanava il fuoco della forgia. Non c'era corrente elettrica, bastava la forza dell'acqua a dare moto alla fucina.

L'acqua proveniente da una roggia veniva deviata e fatta confluire dentro una piccola diga, da lì cadeva su una ruota che a sua volta attivava un albero di trasmissione. Questo creava il movimento per dar moto alla mola, al trapano, al maglio e alimentava il ventilatore della forgia; così il signor Badà costruiva attrezzi agricoli per l'edilizia.

Il giovedì all'epoca non si andava a scuola ed io, abitando nelle vicinanze, spesso mi recavo a piedi in quella fucina, che per me emanava un fascino particolare. Pur essendo un personaggio austero, il signor Badà mi lasciava osservare le varie lavorazioni, concedendomi un assaggio del suo mondo.

Il ricordo del fragore assordante del maglio è ancora vivo nella mia mente, un suono così potente che sembrava penetrare fino alle ossa. In quei tempi, le cuffie protettive per i timpani non esistevano ancora, così si era immersi in quel concerto metallico senza protezione. In più la polvere di carbone che alimentava la forgia fluttuava leggera e sottile nell'aria, depositandosi sui nostri abiti.

Nonostante l'ambiente fosse insalubre, c'era qualcosa di magico nell'osservare il signor Badà al lavoro. Vederlo modellare e forgiare le forme più svariate e complesse, a partire da una massa informe di ferro rovente, fino a dar vita a nuove creazioni, era un vero spettacolo.

Io ero un bambino vivace e toccavo dappertutto, senza pensare molto alle conseguenze.

Una volta raccolsi per terra un pezzo di ferro incandescente e lanciai un forte urlo, il signor Badà mi lanciò un'occhiata truce di rimprovero, mi prese la mano e me la bagnò nell'olio minerale. Ormai la prima pelle era ustionata. Oggi probabilmente mi avrebbero portato di corsa in Pronto Soccorso, ma all'epoca non era mai la prima possibilità, ci si arrangiava.

Non mi lamentai per nulla, anche se avevo davvero male, e da quel giorno mi restarono impresse le parole del signor Bada':

"Ca' dal fre venta nen tuche' e ca' dal speziale venta nen sage'".
A casa del fabbro non bisogna toccare e a casa del farmacista non bisogna assaggiare.

Una volta arrivò un carrettiere trafelato che chiedeva aiuto, aveva esagerato nel caricare la sabbia e questo aveva provocato la rottura dell'assale del carro: dopo averlo smontato, il signor Badà portò l'assale in officina e con la forgia lo saldò, così il carrettiere poté ripartire, non prima di aver estratto da un cassetto del carro un fiasco di vino e aver entrambi innaffiato abbondantemente l'ugola.

Il signor Badà.

Sempre in via Spina, nell'omonima cascina, risiedeva il signor Amabile Quaglino. Svolgeva l'attività di trebbiatore, dapprima impiegando un motore a vapore, poi con trattori testacalda, quelli più rustici e semplici, e con trebbiatrici in legno, e infine approdando ai trattori moderni.

L'Amabile, originario di Cerrione, aveva acquistato la cascina Spina nei primi anni del secolo scorso e aveva quindi avviato la sua attività. Io lo ricordo con la camicia e il cappello neri intento a coordinare il figlio, il genero e tutti i suoi operai, lanciando ordini che parevano fucilate. Certo era un personaggio austero, ma possedeva un cuore grande ed era sempre disponibile con tutti; la sua casa era un continuo via vai di contadini che andavano a prenotare la trebbiatura o a saldare i conti. La paziente moglie, Adelina, non esitava a offrire loro un buon bicchiere di vino e una fetta di salame.

In estate il mitico Amabile, in sella al suo motociclo Bianchi Aquilotto, girava tutte le cascine del Biellese, spingendosi fino a paesi come Castellengo, Mottalciata, Gifflenga, Villanova, Verrone e Massazza, oltre naturalmente a Vigliano stesso e Biella, e fissava per ogni zona il giorno dedicato alla battitura. Aiutato poi dal figlio Francesco e dal genero Corrado Gremmo, iniziava la trebbiatura del grano, operazione che richiedeva manodopera attenta e specializzata.

La trebbiatrice andava perfettamente calibrata in piano in modo da funzionare al meglio, i trattori erano sottoposti a grandi sollecitazioni e andavano revisionati frequentemente.

Francesco e Corrado erano abili meccanici e, nonostante la stanchezza di un'intera giornata trascorsa a lavorare, riuscivano sempre ad accontentare tutti, lavorando anche la notte per riparare i guasti occorsi nel corso del giorno ed essere pronti l'indomani.

La trebbiatura era un periodo di intenso sudore e fatica, ma rappresentava anche un momento di grande gioia e festa sull'aia. La stagione si concludeva sempre con una cena abbondante, preparata con i prodotti agricoli della stagione, e una buona bevuta collettiva. Un momento di convivialità in cui si alzavano i bicchieri e si brindava alle fatiche vissute e ai raccolti, a volte mescolando al suono delle risate e delle chiacchiere un po' di musica.

Momenti di comunità e semplice allegria, in cui c'erano legami umani e tradizioni condivise.

Un'altra ricorrenza importante nella famiglia Quaglino era l'uccisione del maiale. L'evento aveva luogo nel mese di febbraio ed era seguito da una cena alla quale, oltre a quelli che avevano lavorato al confezionamento degli squisiti salumi, venivano invitati i personaggi più importanti del paese, come il parroco, il maresciallo dei carabinieri, il maestro elementare, il medico.

Un occhio di riguardo era riservato ai bambini, con tanto di tavolo preparato appositamente per loro.

La festa si protraeva fino a notte inoltrata.

All'epoca gli inverni erano davvero rigidi e nevicava spesso; solo qualche casa poteva permettersi il lusso di una caldaia a carbone o nafta pesante, la maggior parte era riscaldata con una stufa a legna che serviva anche a cucinare. Le camere erano mantenute al caldo grazie a braci di legno solitamente posizionate vicino al letto (ai tempi non ci si preoccupava troppo delle esalazioni di monossido di carbonio) o dei mattoni refrattari fatti scaldare precedentemente nel forno della cucina.

Nelle abitazioni più rurali si usavano invece i tutoli delle pannocchie e i tralci delle viti al posto della legna, che poteva essere procurata in diversi modi: alcuni abitanti del paese si avventuravano a piedi nell'alveo del torrente Cervo, muniti di accetta e sega, per raccogliere i tronchi trascinati in secca dalle precedenti piene, per tutti gli altri legna e carbone venivano recapitati direttamente a casa dalla ditta di Luigi Serra, detto il Niblin, ubicata in frazione Sobrano.

Verso la metà degli anni Cinquanta iniziò a svilupparsi l'edilizia moderna. Bastava avere a disposizione un piccolo appezzamento di terra e tanta voglia di fare. Alcuni operai, aiutati da un buon muratore e dal resto della famiglia, si costruivano da soli la propria casa nei ritagli di tempo, tra un turno e l'altro in fabbrica o nei pochi giorni di riposo concessi durante l'anno.

La burocrazia era più snella di adesso e anche ottenere piccoli prestiti per una abitazione nuova non era troppo complicato; addirittura, chi era dipendente della "Pettinatura Italiana", uno stabilimento tessile di Vigliano, poteva accedere a un finanziamento agevolato con un piccolo prelievo mensile direttamente in busta paga.

La storia di questa fabbrica rappresenta un capitolo significativo del paese. Fondata nel 1904 come Pettinatura Limited, con il sostegno finanziario di industriali inglesi e la direzione di Carlo Trossi, subì una trasformazione nel 1916 con l'ingresso della famiglia Rivetti, diventando così Pettinatura Italiana. In breve tempo, raggiunse il massimo splendore.

Durante il periodo bellico, nel 1944, fu requisita dai tedeschi e affidata alla Piaggio di Pontedera per la produzione di eliche di aerei da guerra e componenti per armi. Al termine del conflitto passò brevemente sotto il controllo degli Alleati prima di ritornare alla piena produttività e infine cadere nell'oblio nel 2012.

Per i viglianesi, la Pettinatura Italiana non era solo un luogo di lavoro, ma un'istituzione che permeava la vita quotidiana.

I ritmi non erano troppo stressanti, chi faceva i turni aveva mezza giornata libera, ne ricordo molti che arrotondavano lo stipendio lavorando qualche ora in edilizia o in agricoltura. La Pettina, come era chiamata in dialetto viglianese, era il volano dell'economia locale. Molti immigrati arrivati con la valigia di cartone, e che trovarono lavoro lì, riuscirono con grande volontà a emergere più di molti viglianesi.

La vera svolta nell'edilizia del paese avvenne alla fine degli anni Cinquanta con la costruzione dei condomìni.

Il primo fu il Piemonte a opera dell'impresa viglianese di Umberto Scarlatta. Seguirono in breve tempo tutti gli altri, trasformando man mano l'immagine del paese.

Nel mondo dell'edilizia di Vigliano, una nota di merito va senz'altro alla famiglia Merlin, che costruì un caseggiato in Via Valmosino, lavorando rigorosamente solo nelle ore serali, notturne e festive, con l'aiuto di un ingegnoso paranco finalizzato a trasportare il materiale di costruzione ai piani alti e trainato da un cavallo in strada.

In quel periodo nacquero tante piccole imprese dell'indotto, fabbri, idraulici, elettricisti e falegnami, che scambiavano la loro manodopera con un alloggio o un negozio, conguagliando il prezzo.

Inizialmente la popolazione era scettica ad acquistare degli appartamenti, la mentalità paesana era quella che vedeva nella casa la propria abitazione, ma molto presto ci si accorse che tutto sommato non era poi così male la vita in appartamento. Le banche cominciarono a elargire mutui a tassi agevolati e fu così che alla fine molti cittadini, anche di ceti meno abbienti, con sacrifici e spirito di iniziativa, riuscirono ad acquistare il loro appartamento di proprietà.

Per vent'anni nacquero condomìni in ogni angolo e la popolazione di Vigliano arrivò a toccare circa ottomila abitanti. Nello stesso periodo crebbe anche il ceto più abbiente e nacque così il lussuoso quartiere sulla collina di Santa Lucia e le villette a schiera, bifamiliari e singole, in tutto il resto del paese.

Se da una parte spuntavano palazzi e villette, dall'altra le grandi industrie tessili portarono alla chiusura della storica ditta di Vigliano, la Pettinatura Italiana. Da quel momento il paese non fu più lo stesso.

3

Nel 1945, finita la guerra, per le strade si intravedevano poche auto e qualche raro furgoncino adibito al trasporto merci.

Le auto erano care e richiedevano una costante manutenzione: bisognava ingrassare i vari snodi dello sterzo, della trasmissione e tutti i punti del telaio prescritti dalla casa costruttrice; l'olio del motore andava sostituito ogni duemila chilometri, in estate bisognava metterne uno più denso e in inverno uno più fluido, i freni erano a tamburo e se si percorrevano strade tortuose spesso si surriscaldavano e non frenavano più. Per non parlare del circuito di raffreddamento: il radiatore era raffreddato da una ventola collegata all'albero motore, se il motore girava piano la ventola non riusciva a raffreddare e il sistema andava in ebollizione.

Ai tempi non esistevano liquidi refrigeranti, il circuito conteneva per lo più acqua e si può ben immaginare la ruggine che si annidava lì dentro.

Quei pochi possessori di auto dovevano rivolgersi fin troppo spesso a officine specializzate fuori paese, di solito a Biella o Cossato, con disagi e perdite di tempo.

Gli industriali avevano autisti personali, questi provvedevano alla piccola manutenzione nei tempi morti tra un servizio e l'altro, ma per i lavori importanti anche loro si rivolgevano necessariamente alle officine specializzate della zona.

Nei dintorni delle città, lungo i confini tra la vita urbana e quella rurale, si potevano trovare veri e propri cimiteri di mezzi militari, residui dei conflitti bellici passati. Auto, moto, camion. Erano accatastati come sardine in lattina, in attesa di essere risvegliati attraverso un lavoro di restauro. In quei tempi difficili, l'acquisto di veicoli nuovi rappresentava un lusso riservato a pochi privilegiati. La maggior parte della popolazione si affidava alla capacità di riparare e riutilizzare ogni pezzo di metallo utile, spesso combinando due mezzi danneggiati per farne uno funzionante. Era un'epoca in cui l'ingegno era necessario nella lotta contro la scarsità e la necessità.

Fu in questo contesto che due giovanotti poco più che ventenni cominciarono, quasi per scherzo, a riparare qualche auto in uno scantinato in via Avogadro, di fronte alla chiesa Maria Assunta. I due, viglianesi doc, rispondevano al nome di Sergio Lanza e Franco Ceria, ed erano sì giovani, ma con un bagaglio ricco di precedenti esperienze.

Sergio si era formato presso l'officina "Porrino e Milanone" di Biella in Via Gramsci, Franco invece aveva trascorso alcuni anni in Fiat e poi alla Piaggio.

All'inizio i clienti erano scarsi, ma loro non si persero mai d'animo. Cominciarono riparando occasionalmente qualche motore, per lo più del mondo tessile. L'attrezzatura a disposizione era davvero scarna, l'equivalente di una pentola e un mestolo per un cuoco: qualche pinza, un martello, una serie di chiavi. Ma c'era tanto spirito di adattamento e forse un po' di inconsapevolezza dei rischi cui si poteva andare incontro.

Ricordo uno strumento che si chiamava binda, qualcosa di simile al nostro attuale cric. Serviva, spesso coadiuvato da ceppi di legno, a sollevare le auto all'altezza desiderata.

Ci si sdraiava sotto il veicolo e si sperava che quell'accrocchio di impalcature non si smontasse da un momento all'altro.

Per riparare un'auto all'epoca occorreva più manodopera che materiale di ricambio. Ciò che era rotto veniva riparato o ricostruito ex novo e i tempi per farlo, in confronto a quelli moderni, erano eterni. Basti pensare che per sostituire tutti i pneumatici occorrevano circa quattro ore. I materiali usati per la costruzione dei pezzi non erano sicuramente all'avanguardia come ora. Rotture di parti di telaio causate dalle strade sconnesse, congelamento dell'acqua nel circuito di raffreddamento e mille altri problemi erano, in particolare in inverno, all'ordine del giorno. Non di rado capitava di incontrare Franco o Sergio lungo la strada, ad armeggiare sotto un'auto in panne, per una riparazione di fortuna.

I due potevano contare anche sul papà di Franco, il signor Ermando, ex capo officina della ditta OCTIR di Biella. Ermando contribuiva con la sua immensa esperienza nel settore meccanico, nella costruzione ex novo di pezzi di ricambio. Io non ebbi la fortuna di conoscerlo, ma vidi diverse attrezzature da lui costruite: erano capolavori d'altri tempi.

I due ci sapevano fare e pian piano il lavoro cominciò ad arrivare. Lo scantinato che li ospitava era piccolo, ma affittare un'officina grande e accessoriata sarebbe stato troppo dispendioso. Optarono quindi per un vecchio saloncino in Via Milano, angolo Via Molino. Lo spazio non era immenso e il riscaldamento rigorosamente a fiato, ma tanto bastò per far nascere ufficialmente l'officina "Ceria e Lanza".

Con tanta buona volontà e molti sacrifici, Sergio e Franco riuscirono a formare una certa clientela, anche grazie alla nuova posizione strategica in Via Milano, strada di passaggio per molti industriali facoltosi di Biella che si spostavano nelle vallate per raggiungere gli stabilimenti di proprietà, ma anche battuta dai primi operai che si muovevano verso le fabbriche in città.

Il lavoro non mancava mai e non conosceva sosta.

Sergio e Franco erano sempre disponibili per cercare di riparare nel più breve tempo possibile le auto, in modo da arrecare pochi disagi ai clienti che spesso, se non sempre, disponevano di un solo veicolo per gli spostamenti e ogni minuto senza la propria macchina causava notevoli disagi.

Così, anche a notte fonda, passando da Via Milano, si intravedevano delle piccole luci accese dentro al salone.

Non c'era orario fisso quando si trattava di finire un lavoro, e Sergio e Franco lo sapevano bene.

Franco Ceria su lambretta nell'officina di via Milano angolo via Molino.

Franco Ceria davanti alla nuova officina di via Milano.

Dopo cinque anni di stretta collaborazione, la società si sciolse, Sergio e Franco decisero di intraprendere percorsi diversi, ma il loro distacco avvenne in modo amichevole.

Sergio affittò un altro salone, sempre in Via Milano, dove oggi è ubicata la Ferramenta Riviera, con annesso il distributore di benzina OZO (era l'epoca della raffineria di Mantova) e fece finalmente costruire una buca per poter riparare le auto. Cominciò anche ad assumere apprendisti, da noi allora venivano chiamati *bocia* (ragazzi). Tra questi Renzo Lora Moretto, che diventò un provetto meccanico e andò in pensione dopo quarant'anni di lavoro nella stessa ditta. Furono diversi i ragazzi che si fecero le ossa dal Lanza per poi mettersi in proprio, tra i quali Virginio Gasparini, che per tanti anni gestì l'omonima officina a Piatto, Adriano Astori detto Lupo, che fu capo officina alla concessionaria Mercedes Benz, Renzo Pizzighello invece ebbe un'officina autorizzata Ford a Candelo, infine Patrizio Binati divenne un noto preparatore di Fiat 500 a Valdengo.

Franco costruì un salone in via Milano, dove ha sede l'attuale officina Bardelle. Acquistò moderne attrezzature e assunse degli apprendisti tra cui Fausto Pezzin, che rimarrà con lui fino alla pensione.

I due amici avevano anche diviso la clientela.

Sergio si era tenuto quella delle macchine Fiat e i veicoli industriali, Franco i clienti Lancia.

Verso la fine degli anni Cinquanta Sergio fece costruire una nuova sede di ampie dimensioni, con un seminterrato e annessa abitazione in via Marconi, dietro il Municipio, e costruì lui stesso tutti i finestroni e la carpenteria in ferro.

Io ebbi la fortuna di conoscerli entrambi e parlare di Franco, ora dopo quasi sessant'anni, mi fa venire i brividi.

Fu proprio con lui che iniziai il mio percorso in quel mondo.

4

Ricordo ancora quel giorno, ero poco più di un bambino. Bussai alla porta dell'officina e gli chiesi se potevo lavorare con lui. Corrugò la fronte, ci pensò un attimo e poi rispose con uno sbrigativo: «Va bene, puoi cominciare subito».

Accettai l'offerta al volo.

Mi portò nel magazzino ricambi e da uno scaffale prese una tuta azzurra, mi disse di indossarla e si raccomandò di non sporcarla.

«Ora sei uno dei nostri» disse abbozzando un sorriso e fu così che cominciò la mia avventura presso l'officina Ceria.

All'epoca era un modello di modernità e possedeva una clientela di alto rango, basta dire che la prima Ferrari io la vidi proprio lì. Le attrezzature erano d'avanguardia e tutti i meccanici avevano la stessa tuta azzurra con lo stemma del marchio che rappresentavamo, quindi indossarla era un vero orgoglio.

Ai miei genitori avevo solo accennato di voler fare il meccanico e quel giorno, quando tornai a casa con la mia tuta e dissi loro che il signor Ceria mi aveva assunto, furono molto contenti e mi raccomandarono di rigare diritto. Peccato che al mio secondo giorno di lavoro, alle ore sette e trenta di mattino, passai in bicicletta con il semaforo rosso, tanto era l'entusiasmo di arrivare in officina, e il vigile urbano appostato dietro l'angolo mi fermò e mi notificò una multa di 500 lire.

Mi venne da piangere, ma non dissi nulla e quando arrivai raccontai al signor Ceria cos'era successo. Lui, con la sua ironia, disse che solo i Cinesi passavano con il semaforo rosso, poi telefonò subito al comandante dei vigili, suo amico, che stralciò la multa e non solo, ammonì il vigile a essere più tollerante nei confronti dei bravi ragazzi che andavano a lavorare.

Franco Ceria, al contrario di tanti datori di lavoro dell'epoca, era una persona dotata di una grande umanità. Esigente, ma sempre aperto al dialogo e capace di insegnare ai propri collaboratori, come lui definiva i suoi operai, in modo pacato e educato, magari anche con qualche battuta scherzosa.

Amava definirsi un *pouri mecanic dal paisot*, che in dialetto di Vigliano significa un povero meccanico di paese, nonostante potesse vantare una clientela di tutto rispetto e un'officina all'avanguardia e ben attrezzata.

Nel suo grande cuore c'era anche spazio per gli animali. Ricordo che in quegli anni possedeva un cane lupo femmina, Kira, molto affettuosa. Un mattino d'estate Kira scappò dal recinto di casa e finì sotto un'auto in transito in via Milano. Morì sul colpo.

Quel giorno vidi Franco piangere come un bambino. A me toccò l'ingrato compito di scavare un buco in un angolo del giardino per dare una degna sepoltura alla povera bestiola.

Inizialmente fui destinato al lavaggio: ogni auto che entrava in officina andava pulita e sistemata prima di essere consegnata al cliente. Per farlo dovevo sollevarla su un apposito ponte, passare un getto d'acqua prima sulla parte inferiore e poi su quella superiore, quindi passavo agli interni, da aspirare e pulire con la pelle di daino.

Non c'era tempo per le chiacchiere e le pause, a volte in una giornata ne dovevo lavare una decina.

Mi occupavo anche del lavaggio dei pezzi smontati. Potrebbe sembrare strano, ma ai tempi non esistevano prodotti specifici per la pulizia dei pezzi di ricambio, si usava il gasolio, e poi si sciacquava tutto con acqua e si asciugava con aria compressa. La persistente puzza di gasolio si impregnava sulla pelle, diventando una fedele compagna quotidiana. La doccia serale diventava così un rituale imprescindibile per liberarsi da quell'odore penetrante.

Fortunatamente, dopo un anno arrivò un altro apprendista e io fui dirottato a cambiare frizioni e balestre: era sempre un lavoro sporco ma mi permetteva di imparare di più.

Qui trovai preziosi colleghi: Fausto Pezzin, Italo Bertone, Gianpiero Facelli, Mauro Galazzo, Mario Zaramella. Mi accolsero e mi insegnarono le nozioni base della meccanica.

Il lavoro non mancava mai, tutti i giorni si stava in officina dalle otto alle venti, dal lunedì al sabato. Sopra uno scaffale custodivamo una lattina destinata a depositare le mance ricevute dai clienti e a fine settimana venivano divise equamente tra tutti.

Un bel ricordo che conservo risale alla sera di sabato 23 dicembre 1967.

Finimmo di lavorare tardi, oltre l'orario abituale, subito procedemmo alla spartizione delle mance e scoprimmo essere state davvero molto generose, forse perché eravamo vicino alle feste natalizie. Portai a casa, oltre a panettoni e dolci vari, 30.000 lire, una cifra notevole considerando che una cena in pizzeria ne costava circa 700.

Quella sera tutti rimanemmo contenti e soddisfatti.

In officina ordine e pulizia non potevano mai mancare. Franco dava il buon esempio girando per il salone con la tuta di un lindo azzurro e controllando che i dipendenti lavorassero in modo preciso, senza lasciare troppo disordine in giro. Non transigeva su sporco e macchie sui pavimenti, i vetri e il banco di lavoro, così come su tutta la strumentazione che veniva usata. Una regola che esisteva in officina era poi che l'ultimo apprendista assunto dovesse arrivare prima di tutti gli altri, al mattino, per verificare che l'ambiente fosse pulito e in ordine, mentre la sera doveva riordinare gli attrezzi sparsi, pulire i banchi di lavoro e infine spegnere tutte le utenze.

Franco, tra le varie qualità, era dotato anche di un ottimo udito e si insospettiva quando sentiva suoni e rumori che riteneva sproporzionati al lavoro richiesto: secondo lui il martello andava usato solo in casi estremi e ben selezionati. Spesso ci dava dimostrazione pratica di come pochi colpi, nei giusti punti, risolvevano la maggior parte dei problemi, evitando così di massacrare il pezzo di ricambio e anche le orecchie degli altri colleghi.

Nell'officina, vicino al banco revisione gruppi, c'era uno scrittoio con sopra un telefono e di fronte un pannello portautensili di ogni tipo; quando rispondeva alle telefonate lo scrutava attentamente e cominciava a staccare tutti gli attrezzi che non riteneva perfettamente puliti, li gettava sul banco di lavoro e poi chiamava il ragazzo incaricato a tenere in ordine l'attrezzatura, dicendogli di ripulire tutto per bene.

Quando fui io l'addetto a tale mansione pregavo sempre che le telefonate fossero brevi, altrimenti Franco avrebbe staccato tutti gli attrezzi dal pannello.

Ricordo un sabato sera, ero rimasto da solo in officina e, stanco delle continue lamentele riguardo alla pulizia, presi una decisione drastica. Versai venti litri di benzina in un secchio e immersi tutti gli attrezzi sporchi fino a renderli lindi e splendenti, come se fossero stati nuovi di zecca. Con il resto della benzina, lavai il pavimento, che brillò di una lucentezza impeccabile. Quando Ceria rientrò, guardò tutto con un'espressione visibilmente soddisfatta, anche se, quando gli confessai di aver utilizzato venti litri di benzina, il suo umore cambiò. Ma non mi rimproverò, ci teneva troppo alla pulizia.

Eravamo nel pieno del '68 e si usava portare i capelli lunghi, Ceria aveva una vera avversione per quella moda e diverse volte mandò dal barbiere chi trasgrediva, ma alla fine dovette adeguarsi.

Ricordo che nelle ore serali, quando non c'erano più clienti in officina, si metteva al banco delle revisioni gruppi e rimontava il motore o il cambio di turno, io gli porgevo i pezzi... puliti due o tre volte fino a essere come nuovi... poi cercavo di capire le fasature dei motori o la registrazione della coppia conica di un differenziale e lui mi spiegava i vari procedimenti. Intanto si facevano le ore canoniche, ma a me non interessava. L'importante era imparare.

A volte scendeva la moglie, Mariuccia, a vedere *se eravamo ancora vivi*, vista l'ora e presa dalla compassione aggiungeva un piatto anche per me, così continuavamo a tavola il discorso sul motore di turno.

Franco era anche abile a usare qualunque macchina utensile, infatti in officina c'erano il tornio, la spianatrice per le testate e l'equilibratrice per gli alberi motore. Tutte le lavorazioni si facevano in casa, non si portava nulla in rettifica, anche i dischi e i tamburi dei freni si rettificavano. Sono lavori oggi scomparsi, primo perché le rotture dei motori o dei cambi sono rarissime e poi per i costi saliti alle stelle. Oggi il costo per revisionare un motore a volte supera il valore dell'auto, inoltre le stesse case costruttrici vendono i motori e i cambi di rotazione con tanto di garanzia.

Gli anni di cui parlo erano la seconda metà degli anni Sessanta e a Vigliano c'erano molti ragazzi che, finita la scuola dell'obbligo, andavano a lavorare. Certo, chi andava in fabbrica dopo tre giorni era produttivo, lavorava quaranta ore alla settimana e guadagnava sessantamila lire al mese; chi andava a imparare un mestiere, come me, doveva accontentarsi di un terzo e non guardare le ore. Il primo anno guadagnavo cinquemila lire alla settimana, però l'unica cosa che contava era apprendere un mestiere, nessuna scuola te lo insegnava, lo dovevi rubare giorno per giorno e poco per volta, mettendoci tutta la tua forza di volontà e passione.

In inverno le nevicate erano copiose e la nostra routine quotidiana si trasformava. Bisognava arrivare presto al mattino per spalare, si passava la giornata a montare gomme antineve, allora chiodate. Bucavamo col trapano il battistrada e con un'apposita pistola sparavamo i chiodi.

Con i costi odierni della manodopera un lavoro del genere sarebbe impensabile.

Le moderne gomme antineve senza chiodi hanno reso questo tipo di lavoro obsoleto. Inoltre, mentre oggi si tende a pianificare il montaggio delle gomme antineve in anticipo, adattandosi a una data prestabilita, nel passato si montavano all'occorrenza.

Un vivido ricordo è la mattina di Natale del 1970, quando ci svegliammo con un'imponente coltre di trenta centimetri di neve fresca.

Nonostante fosse un giorno di festa, un cliente bussò direttamente alla mia porta, chiedendomi di montargli le gomme per affrontare le strade innevate. Andammo insieme in officina, ero sicuro che in mezz'ora avrei fatto il lavoro e poi sarei tornato a casa. Come mi sbagliavo! Quando alzai la serranda fui assalito da altri clienti che si erano accorti dell'attività all'interno e chiedevano a loro volta la stessa cosa. Franco era in ufficio, mi diede carta bianca per proseguire e così feci. Altro che tornare a casa presto... lavorai fino alle sei di sera, con una pausa pranzo intorno alle tredici, gentilmente offerta dalla signora Mariuccia, a base di tartine di salmone, una fetta di panettone e una tazza di caffè caldo.

Montai gomme anche a persone che non avevo mai visto prima, quel giorno vendemmo tutto quello che si poteva vendere e a prezzi maggiorati, visto l'emergenza e la festività. Si guadagnò bene ed ebbi molte mance, a cui si aggiunse quella di Franco, un bel biglietto da diecimila lire che mi permise di passare delle buone feste e permettermi anche qualche sfizio in più.

Un altro giorno, mentre nevicava copiosamente, Franco mi portò con lui a Novara a soccorrere un cliente che era uscito di strada. Partimmo da Vigliano con il carro attrezzi, in realtà era una Jeep residuato bellico e senza riscaldamento, ma sulla neve se la cavava divinamente. Trovammo l'auto dentro un fossato, la alzammo con il verricello e la riportammo in strada, infine la legammo con un bel cavo d'acciaio per portarla fino a casa, ma non prima di una sosta in trattoria.

Durata complessiva della trasferta: quasi dodici ore.

5

In quell'epoca riparavamo solo vetture Lancia, per lo più Flavia, Fulvia, Flaminia e qualche Appia e soprattutto consegnavamo mediamente due auto nuove alla settimana, Flavia o Fulvia.

I clienti Lancia erano industriali, medici, professionisti, benestanti molto esigenti che avevano una fiducia immensa e andavano all'officina Ceria per chiedere consiglio sulla prossima auto da acquistare. Lui, da persona astuta qual era, li riceveva nel suo ufficio e mi mandava al vicino bar Edi a prendere i caffè, così i clienti decidevano quale auto comprare comodamente seduti con una tazzina in mano.

Era il periodo che anche le mogli dei clienti Lancia volevano avere un'auto e la più gettonata era la Mini Cooper. Ne vendette tantissime pur non essendo concessionario, guadagnava qualcosa in meno ma con i tagliandi, le gomme e tutto quello che ne derivava, si rifaceva abbondantemente.

Io vivevo tutte queste situazioni da vicino e un giorno chiesi a Ceria come facesse ad accaparrarsi tanta fiducia da parte dei clienti, lui mi rispose che non era più bravo degli altri, ma aveva capito che nella vita bisognava dare l'impressione di esserlo. Mi spiegò perché tutte le auto dopo una semplice riparazione andavano lavate e consegnate pulite, senza addebitare il costo del servizio, e perché di ogni auto che entrava in officina prima di tutto bisognava coprire il sedile di guida, il volante e la leva del cambio, in modo da non sporcare niente, così come coprire i parafanghi con apposite coperte per non rigare la carrozzeria con le cerniere della tuta, tutte accortezze con cui aveva ottenuto la fiducia anche dei clienti più esigenti. Aggiunse che bisognava servire nel modo migliore le signore, avrebbero fatto una buona pubblicità ai mariti.

In quel periodo andavamo noi dai clienti nel Biellese a prelevare l'auto per ripararla o per un semplice controllo e gliela riportavamo sempre lavata.

Quando arrivava la stagione fredda c'era una moria di batterie impressionante, i costi erano elevati e lui, con grande diplomazia, diceva sempre al cliente che per il momento ne avrebbe montata una nuova, provando nel frattempo a ricaricare la sua. Ma quella non si ricaricava mai e alla fine il cliente soddisfatto si teneva la nuova.

I pagamenti avvenivano una volta all'anno.

Nei mesi di dicembre e gennaio la scrivania del Ceria era piena di buste indirizzate ai clienti, col sistema fiscale di adesso sarebbe una cosa impensabile e non solo, oggi molti sono prevenuti, hanno paura di essere imbrogliati. Quando si porta l'auto a fare un semplice tagliando sempre più spesso ci si sente dire che c'è bisogno di sostituire qualcosa e lì per lì il cliente acconsente, per poi scoprire dopo che quel pezzo poteva ancora durare parecchio. A quei tempi si sostituiva solo quello che era necessario.

Rispetto ai giorni nostri l'automobile richiedeva molta più manutenzione a cominciare dal motore, la registrazione delle valvole della carburazione, la frequente sostituzione delle candele, delle puntine platinate, per non parlare delle marmitte che erano sempre rotte, poi le sospensioni e i freni, i cambi, i differenziali che diventavano rumorosi. Per ovviare a quest'ultimo inconveniente i commercianti d'auto più scaltri riempivano la scatola del differenziale con della segatura.

La disastrosa alluvione del 2 novembre 1968 ci portò una mole imponente di lavoro, per quindici giorni il carro attrezzi fece la spola da Vigliano a Valle Mosso a recuperare auto sommerse dal fango.
Raggiungere la vallata era un'impresa, ma la jeep Willy trasformata in carro attrezzi fece miracoli, trasportando a Vigliano una trentina di auto che noi recuperammo tutte, dopo averle lavate dentro e fuori e aver sostituito l'olio.
Per fortuna non esisteva ancora l'elettronica odierna.
Un grande lavoro lo fece anche il tappezziere Roberto Guabello, il Gatun, che con una velocità impressionante smontò e rimontò gli interni, tanto che per la fine di novembre riuscimmo a consegnarle quasi tutte. Facemmo anche parecchi straordinari, ma eravamo riusciti a ridare vita a delle automobili che sembravano compromesse e il fatturato dell'azienda lievitò parecchio. Ceria, soddisfatto, ci gratificò con una cena dal suo cliente Fasoletto della Croce Bianca di Oropa.

Nel 1969 la Lancia stava vivendo un periodo di transizione prima di passare al gruppo Fiat, i nuovi modelli non uscivano o erano dei restiling dei modelli precedenti. Un'ammiraglia che sostituisse la Flaminia non c'era, le Ferrari, Maserati e Lamborghini non piacevano agli industriali biellesi, sempre restii allo sfarzo, mentre si affacciavano sul mercato italiano le tedesche Mercedes, BMW, Audi e la svedese Volvo.
I clienti Lancia avevano il palato fine e vedevano le tedesche con una certa diffidenza, la Volvo non era ancora affermata, ma soprattutto temevano l'influenza Fiat sui nuovi

modelli. Insomma, chi era lancista voleva rimanere fedele al marchio e si sentiva dire che la Lancia era già passata al gruppo Pesenti ma il prodotto era rimasto uguale, anche passando alla Fiat non sarebbe cambiato nulla.

Invece il cambiamento ci fu eccome.

Si notò subito tutta la bulloneria marchiata Fiat, i trapezi delle sospensioni in lamiera stampata e molta plastica di qualità scadente negli interni, la classe e l'eleganza tipica della Lancia stava pian piano scomparendo.

A quel punto Ceria ebbe un'idea geniale: la casa inglese Jaguar, dopo anni di oblio, era uscita sul mercato con la nuova XJ6 2.8 e 4.2 con motori a sei cilindri, interni in pelle Connolly e radica, l'ideale per sostituire le vecchie Flaminia dei lancisti biellesi.

Cominciò a fare una sorta di campagna pro Jaguar proponendola ai potenziali acquirenti, illustrando loro le caratteristiche tecniche. Vedendo che aveva un discreto indice di gradimento, decise di tentare il colpo: si recò a Milano alla Koelliker Automobili, l'importatore per l'Italia della Jaguar, e al primo venditore che gli si presentò davanti disse che voleva comprare una mezza dozzina di XJ6 4.2 per dei suoi clienti.

Il venditore rispose che per dei numeri così importanti bisognava parlare con il titolare e in quel momento era assente. Fissò allora un appuntamento con Bepi Koelleker, proponendogli di vendere alcune auto sul territorio biellese; lì per lì Koelliker rispose che aveva una filiale a Torino che copriva già quella zona e che intanto chi voleva la Jaguar l'avrebbe comunque comprata da loro, senza dover elargire provvigioni a terzi. Ceria si alzò dalla sedia stizzito e ribatté che allora ai suoi clienti avrebbe venduto la Mercedes, che tra l'altro aveva una gamma più ampia.

Il giorno dopo Koelleker cambiò idea e accettò.

Si accordarono per le provvigioni e inviò subito una XJ 2.8 colore sabbia con il cambio automatico e una 4.2 verde inglese con cambio manuale, che all'epoca riscuoteva più consensi.

Ceria convocò i clienti alla prova e per due giorni le fiammanti Jaguar sfrecciarono sulle strade biellesi, ai clienti più affezionati le lasciò anche per una giornata intera, addirittura uno volle provare se riusciva a entrare nel garage di un condominio di Courmayeur.

Il risultato andò oltre le più rosee previsioni, ben dodici auto vendute che entro l'anno divennero quaranta, ma soprattutto così divenne concessionario Jaguar.

Anche Bepi Koelliker non si aspettava un risultato del genere, tanto che ci volle qualche mese per consegnarle tutte e nel frattempo inviò una gigantesca insegna e uno stock di ricambi, oltre a vario materiale pubblicitario.

Le auto bisognava andare a prenderle a Milano in piazza Carbonari, proprio nel centro città, e portarle a Vigliano dopo aver staccato il contachilometri, per poterlo consegnare a zero.

Ricordo che un giorno eravamo come sempre oberati dal lavoro e dovevamo ritirare due auto, allora Ceria accompagnò il sottoscritto e un collega all'autostrada, poi noi proseguimmo fino a Milano in autobus e in tram alla Koelleker Automobili, naturalmente tutto nella pausa pranzo. Con le targhe in prova, una originale e una replica, tornammo a Vigliano dopo aver fatto la corsa in autostrada alla faccia del rodaggio, ma non avevamo perso tempo e le consegnammo senza danni. Ceria ci gratificò con una lauta cena alla Croce Bianca di Oropa, il suo ristorante preferito.

Il giorno dopo consegnammo le due Jaguar lavate e splendenti, sul sedile del passeggero mettemmo un mazzo di rose per omaggiare le signore.

Un cliente, accompagnato da una elegante dama, apprezzò molto quel gesto e ci ringraziò elargendo una lauta mancia a noi meccanici; un altro, invece, mi chiamò dicendo che avevamo dimenticato dei fiori sul sedile e con fare sbrigativo mi lanciò il mazzo, senza capire il suo significato.

Nel frattempo, l'organico si era rafforzato ulteriormente con l'arrivo di un nuovo apprendista, Renzo Guglielmi, che assieme al sottoscritto e a Fausto Pezzin fece il meccanico fino alla pensione, tutti gli altri passarono ad altre attività.

Renzo diventò un grande meccanico, soprattutto capì che il futuro sarebbe stato l'elettronica e si specializzò in quel ramo. Per lui impianti elettrici, cambi automatici, overdrive, climatizzatori e tutti i componenti più sofisticati delle Jaguar, non avevano segreti. Rimase con noi per circa dieci anni, poi passò alla concessionaria Volvo di Biella dove diventò capo officina e per diversi anni vinse il premio come miglior capo officina Volvo in Italia.

Fausto Pezzin col tempo divenne capo dell'officina, rimanendo fedele per ben quarant'anni. Di lui ricordo la grande abilità nel fare le carburazioni delle Fulvia quando non esistevano sofisticate attrezzature e contava solo l'orecchio e soprattutto il cuore. Era anche un buon motorista.

Gianpiero Facelli, ottimo meccanico elettrauto, con cui lavorai gomito a gomito in motonautica, purtroppo rimase con me solo quattro anni; tra le altre cose mi insegnò a nuotare e sciare sull'acqua... dopo aver bevuto parecchia acqua del lago di Viverone.

Con Mauro Galeazzo lavorai circa un anno, poi lui passò alla Fiat e morì prematuramente a soli ventisette anni.

Italo Bertone rimase con noi per poco tempo, cambiò lavoro per motivi di salute.

Con Mario Zaramella, un gigante buono non solo per la sua statura, passai due anni stupendi e tra noi nacque una grande amicizia che dura ancora oggi.

6

Tutte le Jaguar che c'erano in zona, e nelle provincie vicine, confluivano da noi per essere riparate o solamente per una messa a punto. Cominciarono ad arrivare anche qualche Jaguar E, l'auto di Diabolik, per riparare il suo motore bisognava togliere il cofano che era un blocco unico con i parafanghi. Una volta uscimmo in strada per provare la macchina senza cofano, i vigili urbani ci videro ma fecero finta di niente. Avevamo una targa di prova e tre copie, quindi una targa a volte si trovava su tre auto diverse. Al giorno d'oggi per una cosa del genere finiresti in galera.

La Jaguar era una bella macchina da vedere, molto elegante ma poco affidabile, in modo particolare i modelli 2.8 avevano parecchi problemi: motori che si rompevano, impianti elettrici non proprio all'altezza. Quando uscì il nuovo modello XJ12 non riscosse molto successo a seguito della crisi petrolifera e la concorrenza delle tedesche Mercedes e BMW fece il resto, le vendite calarono drasticamente.

Intanto la Lancia era stata assorbita dalla Fiat e i clienti si erano orientati verso altre marche. Anche Ceria la lasciò, continuando a vendere altri marchi importati da Koelleker ZAZ, Moscovic, Mitsubishi e infine Seat, con alterna fortuna.

L'officina fu ancora per anni punto di riferimento per tutti i possessori di Jaguar degli anni Sessanta e Settanta, ma Franco Ceria, che era un vulcano di idee, aveva pronta una nuova attività.

Vendere imbarcazioni.

Cominciò a informarsi su barche, scafi e motori fuoribordo, ma ovviamente vendere questo genere di prodotti a Vigliano, piccolo paesino incastonato in mezzo alle montagne, era una bella impresa. Da qui nacque l'idea di acquistare un terreno a Viverone, costruire un salone di seicento metri quadri e riempirlo di barche e motoscafi da rivendere.

Era l'estate del 1968, un sabato pomeriggio Franco mi portò con lui a Viverone dicendomi: «Oggi cambiamo lavoro: andiamo a montare il motore di una barca!».

Io non ero mai stato sul lago, non ero mai salito su una barca e non sapevo nemmeno nuotare. Quello fu il primo giorno della nostra avventura nautica.

Per potersi inserire nel mercato e vendere bisognava offrire un servizio a 360 gradi e tenere aperto anche nei fine settimana. Franco mi offrì 5000 lire per lavorare di domenica e io accettai, incuriosito da questo nuovo ambito. Spesso mi ritrovavo da solo a dover gestire problematiche di non poco conto e, pensandoci oggi dopo più di mezzo secolo, mi domando come facessero i clienti e il Ceria stesso ad avere fiducia in me, che ai tempi ero poco più che un bambino. In ogni caso grossi danni, a mia conoscenza, non ne feci mai.

Un giorno mi fu riferito che sia Ceria sia la moglie dicevano ai loro amici che riponevano in me grande stima, anche se ero molto giovane, e mi consideravano molto maturo per la mia età. Questo, nemmeno a dirlo, mi riempì di orgoglio.

Estate 1971: non siamo in vacanza ma al lavoro a Viverone, con una gru semovente, e ci apprestiamo a varare una barca, Natalino e Gianpiero Facelli.

Avevo circa quindici anni quando Ceria mi comprò una moto Vespa: al mattino partivo da Vigliano alla volta di Viverone, il viaggio durava circa un'ora ma spesso partivo in ritardo, provocando le ire dei clienti che mi aspettavano per mettere la barca in acqua. A volte avevano già chiamato il Ceria per lamentarsi e lui, per difendermi, diceva che ero partito da un pezzo, ed ero già per strada, ma non era vero.

Mi fece anche frequentare dei corsi sui motori marini e conseguii la patente nautica fino a 25 tonnellate e oltre le 20 miglia.

Se non ricordo male, nel 1973 la Italmarine di Milano, importatore per l'Italia del marchio Evinrude, ci diede il primo premio per il numero di HP venduti. Quando andammo a ritirarlo, l'amministratore delegato ci chiese stupito come dei montanari fossero riusciti a vendere tanti motori marini.

All'epoca i motori fuoribordo arrivavano al massimo a 135 CV, l'Evinrude uscì sul mercato con un 200 CV sei cilindri, una potenza impensabile per l'epoca, e all'inizio non si riusciva nemmeno a trovare uno scafo che portasse una potenza simile. L'Italmarine un giorno arrivò da Milano a Viverone per eseguire dei test su diversi scafi. Per me fu un'esperienza unica affiancare dei tecnici così esperti in motonautica: passammo una settimana a montare e smontare un motore, fino a trovare il giusto assetto. Sembrava impossibile che pochi centimetri più in basso o più in alto potessero far variare la massima resa. Dopo lunghi giorni di lavoro, finalmente riuscimmo a trovare lo scafo più adatto a portare i fatidici 200 CV: si trattava di uno scafo "Cigala e Bertinetti", nota fabbrica ubicata a Torino. A immortalare l'evento accorsero anche diverse testate giornalistiche locali e riviste specializzate.

La giornata di festa si concluse con un magnifico pranzo presso il Country Club, noto circolo privato gestito dal presidente internazionale dei barman.

Mi torna in mente ora un fatto curioso. Ceria pretendeva che facessimo le riparazioni delle barche sempre a secco e mai in acqua, con il senno di poi a ragion veduta. Un giorno decisi di fare di testa mia e per risparmiare tempo iniziai a smontare un carburatore con la barca in acqua. Sfortuna volle che mi cadesse a mollo un'intera scatola di chiavi a bussola e relativi cricchetti, all'epoca erano una rarità e costavano parecchio. Era un pomeriggio inoltrato di marzo: iniziava a fare buio, l'acqua era fredda e sarebbe stato impensabile immergersi per cercare piccoli oggetti sul fondale melmoso.

Non mi persi d'animo, legai una corda a un vecchio altoparlante dotato di calamita e lo buttai in acqua, dopo svariati tentativi finalmente riuscii a ripescare tutto, senza che nessuno si accorgesse minimamente del pasticcio che avevo combinato.

Le giornate al lago si susseguivano senza sosta: in quel periodo vendevamo barche, motoscafi, gommoni con relativi motori fuoribordo. Il sabato e la domenica non avevamo un minuto di tregua, presi d'assalto dai clienti, in quel caldo umido del lago di Viverone.

La sera tornavo a casa con il furgone carico di motori da riparare durante la settimana. Non facevo mai un giorno di riposo, da marzo a ottobre lavoravo sette giorni su sette. Se non fossi stato sorretto da una grande passione per i motori forse avrei cercato di fare un altro mestiere, ma io stavo bene in quel contesto, il fischio della fabbrica non mi aveva mai interessato.

Per navigare nel piccolo lago di Viverone, con potenze superiori a 25 HP e sci d'acqua, ci voleva la patente nautica, così molti clienti mi chiedevano di trainarli e in quel modo imparai a sciare sull'acqua.

La nostra clientela era formata per lo più dal ceto medioalto e si divideva in tre categorie: gli sportivi che usavano le imbarcazioni per praticare lo sci, la pesca o fare immersioni, le famigliole per la scampagnata domenicale e per le vacanze al mare, infine i tombeur de femmes che usavano il motoscafo per mettersi in bella mostra e far colpo su qualche bella ragazza che prendeva la tintarella nei vari lidi del lago.

Il lunedì era il giorno preferito per i casanova, alcuni consumavano un fugace incontro amoroso nel canneto del canale di scolo. Io ero un ragazzino, naturalmente non vedevo o facevo finta di non vedere. Se avessi parlato chissà quanti matrimoni sarebbero saltati...

Un giorno arrivò al lago, da fuori provincia, un dentista accompagnato dalla sua amante. Lui la fece salire sul motoscafo e si allontanarono con chiari intenti in mezzo al lago. Poco dopo arrivò la moglie del dentista accompagnata dai figli e, non vedendo il motoscafo attraccato, mi chiese delucidazioni a riguardo.

Con disinvoltura le dissi che probabilmente si era allontanato da solo mentre ero in pausa pranzo. A quel punto si sedette sul molo ad aspettarlo. Io presi il primo mezzo che mi capitò sotto tiro e andai a cercare il casanova tra i canneti, fortunatamente lo trovai subito e lo avvisai di cosa... e soprattutto di chi... lo aspettava al rientro. L'amante venne fatta scendere discretamente in un altro molo di attracco e il dentista si ricongiunse all'ignara famiglia come se nulla fosse accaduto.

Non saprei dire se feci la cosa giusta, forse avevo salvato un matrimonio, o forse no. Ricordo solo che quel giorno ricevetti una bella mancia e una cura gratuita per i denti molari il mese successivo.

Dopo mesi di attività a Viverone iniziammo a ricevere nuove richieste dai clienti: il lago non bastava più, alcuni desideravano avere la barca o il motoscafo direttamente al mare. Detto fatto, ci organizzammo subito.

Ricordo come fosse ieri un simpatico episodio.

Ci era stato chiesto di consegnare una barca di sei metri al porto turistico di Finale Ligure. Partii alle ventuno da Vigliano, Ceria mi consigliò più volte di fare l'autostrada passando da Torino ma io disubbidii e passai da Casale, per risparmiare i soldi del pedaggio. Sfortuna volle che, arrivato ad Alessandria, si ruppe il gancio di traino e fui costretto a fermarmi. Caso vuole che lì vicino ci fosse un bar aperto. Un signore molto gentile mi portò a casa di un fabbro nelle vicinanze, lo fece alzare dal letto e assieme saldammo il gancio traino così che potei ripartire, perdendo solo due ore. Alle tre di notte arrivai davanti al porto Finale Ligure. Da un vicino Night Club stavano uscendo gli ultimi clienti e le ballerine mi guardarono con stupore. Mi riposai qualche ora sulla barca e alle nove potei ripartire verso Vigliano.

7

Questa era la vita di quegli anni, un'epoca in cui le opportunità di lavoro non mancavano e io iniziavo a sentire la necessità di una nuova direzione da intraprendere. Desideravo avere più tempo libero da dedicare ai miei hobby e alle mie passioni, e le mie numerose conoscenze potevano rappresentare un punto di partenza per nuove opportunità.

Nel 1974 ricevetti una proposta dalla concessionaria Fiat di Cossato, una realtà con una trentina di dipendenti. Vedendo un'officina di quelle dimensioni e con un numeroso personale, risposi che non avevo molta esperienza con le auto Fiat, ma loro risposero che preferivano formare un giovane.

Era luglio, le ferie erano in corso, avrei dovuto iniziare il primo settembre. Tuttavia, la sera stessa, durante una conversazione con degli amici, venne fuori un'altra opportunità: la Lancia di Verrone stava assumendo e lo stipendio offerto era allettante. Uno dei miei amici si offrì di parlare con il capo del personale, che era anche suo cognato, e così accettai di andare a colloquio in quel grande stabilimento.

Dopo aver compilato un questionario, mi comunicarono che ero stato assunto e che il giorno seguente avrei dovuto presentarmi per la visita medica. Finalmente, otto ore di lavoro al giorno e il sabato e la domenica liberi: sembrava incredibile.

Andai a comunicare la mia decisione al mio datore di lavoro, spiegando che così avrei avuto meno impegni. Lui, con tono scherzoso, mi disse che non ce l'avrei mai fatta a fare quella vita e si offrì di raddoppiarmi lo stipendio. Dopo un momento di riflessione, decisi di accettare. Non mi sembrava giusto lasciare Ceria così all'improvviso, considerando quanto mi avesse fatto crescere professionalmente. E la sua offerta non era niente male.

Eravamo nel 1975, le vendite della Jaguar avevano subito una leggera flessione, ma i passaggi in officina per la manutenzione erano aumentati; un giorno arrivò un signore, che poi scoprimmo essere un conte di Trieste residente a Biella, che aveva un problema al cambio automatico di una XJ4.2 e si lamentava perché a Brescia, dove aveva acquistato l'auto, gli avevano detto che per riparare quel guasto ci sarebbe voluto più di una settimana.

Era venerdì pomeriggio, Ceria fiutò subito l'affare e, tra lo stupore di noi meccanici, promise al cliente di consegnargli l'auto la sera stessa.

Ovviamente non era uno sprovveduto, aveva un asso nella manica: nel retro dell'officina giaceva una XJ4.2 fortemente sinistrata in attesa di essere demolita, ma con un cambio perfettamente funzionante. Appena il conte uscì dall'officina le saltammo addosso come avvoltoi.

In tempi record smontammo, pulimmo e rimontammo il cambio sull'auto del cliente. Tutto funzionò alla perfezione e la sera stessa passò a ritirare il suo mezzo.

Prima di andar via però qualcosa attirò la sua attenzione, nell'officina vide un motoscafo e così iniziò a chiacchierare di mare e dintorni.

Ceria gli propose di accompagnarlo a Genova, dove proprio in quei giorni si stava svolgendo il Salone Nautico.

Prese in mano il telefono e avvisò il dottor Pugliese, all'epoca direttore dei cantieri Chris-Craft di Fiumicino, spiegandogli che avrebbe accompagnato a Genova un cliente importante interessato all'acquisto di un cabinato. Anche questa volta ci aveva visto lungo.

Dopo aver visionato varie barche il conte decise di acquistare un Chris-Craft Bertram 58, un cabinato di circa 18 metri che costava qualcosa come dieci alloggi.

Ceria tornò da Genova raggiante, aveva raggiunto il suo obiettivo e a breve avrebbe intascato una lauta provvigione.

La consegna andò un po' per le lunghe, ma finalmente arrivò il momento: il cabinato era pronto per essere prelevato in cantiere a Roma. Ma siccome il conte non aveva ancora la patente nautica, chiese a me, insieme al figlio del nobile, di occuparmi del trasporto.

Venni colto alla sprovvista, non mi aspettavo un incarico del genere, avevo sì la patente nautica ma non avevo mai navigato in acque diverse da quelle del lago.

Non mi scoraggiai, per me era una sfida.

Giunti a Fiumicino consultai il portolano e ascoltai a orecchie aperte tutti i suoi consigli sulle rotte migliori da seguire. Navigammo a vista, ancora non esisteva il GPS, con una sola bussola bella stretta in mano; risalimmo un mar Tirreno liscio come l'olio, passando a ovest dell'Isola del Giglio. Imbarcati la sera da Fiumicino, attraccammo la mattina del giorno successivo a Genova.

Non so quale aggettivo mi potrebbe meglio descrivere per quell'impresa: temerario, coraggioso o forse solo imprudente. Sicuramente anche la fortuna fu dalla nostra parte. Io, nemmeno a dirlo, ero galvanizzato dalla missione compiuta e mi sentivo ormai un marinaio esperto.

I giorni successivi finimmo di allestire la barca, montammo un generatore di corrente e qualche accessorio, tutto era pronto per la consegna finale.

Fu proprio in quel momento che arrivò una nuova richiesta, il conte mi chiese di portare l'imbarcazione fino a Saint-Jean-Cap-Ferrat in Francia, dove l'avrebbe ormeggiata nel porto turistico. Ormai mi sentivo un provetto marinaio e accettai subito l'incarico, avevo già navigato una notte da Fiumicino a Genova e andare in Francia sarebbe stato un gioco da ragazzi.

Il conte mi accompagnò all'alba al porto turistico di Genova, dov'era ormeggiata la barca. Lui proseguì in auto fino a Cap-Ferrat, io e suo figlio salimmo a bordo, ci salutammo tutti con la promessa di trovarci nel primo pomeriggio in Francia. Avevamo da poco fatto il pieno di gasolio ai cantieri Baglietto di Varazze quando si alzò un vento improvviso e in poco tempo la barca divenne totalmente ingovernabile.

Tutta la mia sapienza di uomo di mare svanì.

La fortuna volle che ci trovassimo vicini al porto di Savona, dove riuscimmo ad attraccare e passare la notte al riparo dal vento, partendo poi il mattino seguente con il mare calmo, fino ad arrivare sani e salvi... e soprattutto con l'imbarcazione intatta... nel pomeriggio in Francia. Chiesi scusa per l'incidente di percorso, mi giustificai dicendo che un buon marinaio deve aver paura e fermarsi piuttosto che distruggere la barca. Lui sembrò crederci, perché mi consegnò una busta contenente una lauta mancia, poi mi invitò a pranzo; mi fece accomodare nel terrazzo di un lussuosissimo ristorante del porticciolo. Io, povero paesano, mi sentivo a disagio nel pranzare con un nobile e i suoi familiari, in un ambiente del tutto diverso da quelli cui ero abituato, ma dopo un calice di vino bianco la timidezza scomparve.

Era la prima volta che bevevo champagne, mi si sciolse la lingua e cominciai a parlare di rotte, di carte nautiche, di bussole, tracciai a matita una rotta da Cap Ferrat ad Alicante, per poi scendere alle Baleari e risalire fino a Barcellona, infine costeggiare proseguendo per Cap-Ferrat; il conte fu entusiasta di questo itinerario e mi propose di accompagnarlo in quel viaggio.

Come potevo non accettare?

Passai i mesi successivi a studiare e prepararmi, purtroppo qualche settimana prima della partenza il conte si ammalò gravemente e annullammo tutto.

La mia carriera di uomo di mare finì lì, continuò però in acque dolci, navigando ancora per qualche anno a Viverone e con qualche fugace apparizione al lago Maggiore.

8

Era già parecchio tempo che il Ceria stava accarezzando il sogno di possedere un aereo da turismo, aveva già il brevetto da pilota. L'occasione arrivò nel 1975 quando un cliente, Gianfranco Fila, gli propose l'acquisto del suo bimotore. Accettò l'offerta senza pensarci un secondo.

La sua mente ambiva a ben oltre, voleva usare un velivolo per trasportare qualche industriale biellese in viaggi d'affari.

L'idea non ottenne il successo sperato, forse troppo innovativa per gli abitudinari imprenditori. Un gran peccato, se fosse decollata sarebbe diventato uomo di terra, di mare e di cielo.

In quel periodo usava l'aereo, battezzato HUNT, da Cerrione a Villanova d'Albenga per raggiungere la famiglia in vacanza nella loro casa di Loano. Un mattino, non vedendolo arrivare e conoscendo la sua puntualità, mi preoccupai e chiamai l'aeroporto di Cerrione. Lì mi dissero che c'era la sua auto nel parcheggio, ma di lui nessuna traccia. Due ore dopo arrivò e mi raccontò che la sera prima era partito regolarmente da Villanova, ma arrivato sull'Appennino si era imbattuto in un nubifragio e, piuttosto che rischiare, aveva fatto dietrofront. Brindammo allo scampato pericolo.

Da esperto pilota mi spiegò che a volte bisogna avere paura.

Quindici giorni dopo un velivolo dell'Aeroclub Biella, con due persone a bordo, precipitò mentre stava sorvolando i cieli di Como, colpito da un fulmine. Imperversava un violento nubifragio. Pilota e passeggero perirono, e questo tragico fatto mise fine agli sfottò che certi frequentatori dell'aeroporto di Cerrione continuavano a dirigere contro Ceria, accusandolo di aver avuto paura nel perforare delle semplici nubi.

Ormai ero sempre più coinvolto nella gestione dell'azienda e capitava che litigassimo.

A volte mal sopportavo certi suoi modi di fare. Era abituato a presentare il conto a fine anno e i suoi vecchi clienti pagavano, ma il mondo stava cambiando, il denaro aveva un costo e i clienti della nautica, a fine stagione, non li vedevi più fino all'anno dopo.

E qualcuno spariva.

C'erano anche quelli che dopo tanto tempo non si ricordavano o facevano finta di non ricordare e si lamentavano di essere stati fregati se gli chiedevi i soldi. Io, come semplice dipendente, non avrei dovuto preoccuparmi di quelle questioni, ma mi dispiaceva vedere che Ceria stava faticando a stare a galla, perché per me era quasi un secondo padre. La sua abitudine di dare fiducia ai clienti era qualcosa di radicato negli anni, quando aveva iniziato solo con l'officina e le automobili, ma ormai bisognava conteggiare tutto e soprattutto farsi pagare prima di varare la barca.

C'erano alcuni che, dopo aver dato un acconto, si facevano consegnare il motoscafo con un pretesto e poi sparivano o, se tornavano, cercavano mille pretesti per avere uno sconto o solo prorogare il pagamento.

Ricordo che una volta uno ordinò un motoscafo di alluminio StarCraft 18 piedi, con 2 motori da 70 CV, super accessoriato. Avevamo fatto costruire i serbatoi della benzina nelle pance laterali, montato contagiri, contamiglia e molti altri accessori, tra i quali i Power trim, col quale si potevano alzare i piedi dei motori elettricamente. Era un accessorio molto costoso che permetteva di navigare anche nei fondali bassi e soprattutto di variare l'assetto dello scafo durante la navigazione.

Una vera novità tecnologica per quegli anni.

Finimmo di montare il tutto una domenica mattina di luglio, non vedevamo l'ora di provarlo ed io, dopo aver scaldato i motori, salpai e feci un passaggio davanti alle boe, mentre il Ceria osservava dal molo. Rientrai soddisfatto, quello scafo era una vera chicca.

Avvisammo subito il cliente che si precipitò a provarlo, ma nel farlo si accorse che un motore prendeva 200 giri in meno dell'altro. Tornai in acqua con lui e notai anch'io il difetto, anche se era talmente lieve che se non si guardava il contagiri nessuno se ne sarebbe accorto.

Pensai a uno scarto del contagiri e provai a invertirlo, ma non cambiò nulla.

Il tizio non ne voleva sapere, minacciava di non ritirare il motoscafo, erano circa le venti di domenica sera. Tornai a casa e mi sognai quel maledetto scafo pure la notte, il mattino dopo provai a invertire i motori ma non cambiò nulla. Non potevamo che consegnarlo così.

Il giorno seguente, dovendo andare a Milano a ritirare dei ricambi, passai dalla Italmarine e incontrai il responsabile tecnico per spiegargli il problema.

Lui sorrise, andò nel magazzino ricambi e mi portò un'elica, dicendomi di montarla in uno dei motori, sicuramente avrebbe sistemato tutto. Gli era già successo un problema simile: quando ci sono due motori creano un vortice e le eliche devono essere una destrorsa e una sinistrorsa. Corsi a Viverone e montai l'elica, ormai era quasi buio ma era troppa la voglia di provare e così uscii.

Tutto funzionava, i giri erano perfettamente uguali!

Il mattino dopo provammo il motoscafo con il cliente, che però pretese un ulteriore sconto per il ritardo nella consegna.

Quella sera ci fermammo a cena all'hotel Lido, Ceria in fatto di pranzi e cene non badava a spese, e discutemmo su quel comportamento pretenzioso: aveva ottenuto uno sconto extra di 250000 lire, cifra importante. Convenimmo entrambi che l'epoca dei signori con la esse maiuscola era ormai finita.

Ora la facevano da padroni i boriosi.

Era il periodo del boom economico, però per vendere bisognava accettare delle cambiali e non sempre andavano a buon fine, qualche volta bisognava rinnovarle e i pagamenti si allungavano, le banche che facevano prestiti erano poche. Fortunatamente noi avevamo degli ottimi clienti, anche se qualche contenzioso rimase, visto che ci fu chi abbandonò il motoscafo in cantiere, per non pagare.

A Viverone gravitavano molte persone che non conoscevamo, provenienti da luoghi diversi, Torino, Ivrea, ma anche più distante, tra loro c'erano persone oneste come delinquenti comuni e veri professionisti della truffa, ma tutto sommato a noi non crearono mai grossi problemi.

Una volta, mentre pranzavo in un ristorante, vicino al cantiere, vidi due distinti signori biellesi che poco prima erano stati da noi per vedere un motoscafo nuovo e avevano proposto a Ceria un pagamento con delle cambiali che sarebbero scadute a settembre, quando la stagione era ormai finita. Li sentii confabulare tra loro: la loro intenzione era di usare il mezzo fino a quel mese e poi sparire senza pagarlo. Avvisai subito in officina e non montammo neanche il motore, ma i due lestofanti arrivarono il giorno seguente per ritirare il motoscafo. A quel punto Ceria trovò la scusa di non essere riuscito a fare scontare le cambiali e quindi l'affare sfumò. I due protestarono vivacemente, affermando che una cambiale a scadenza novanta giorni era un pagamento in contanti.

Davanti al cantiere denominato Nautica Ceria, c'erano il piazzale e il molo di cemento armato, poi nel lago a circa cinquanta metri dalla riva c'era una fila di boe che servivano a ormeggiare i motoscafi. I clienti dopo l'acquisto potevano servirsene in via provvisoria, fino a trovare un rimessaggio adatto alle loro esigenze, ma visto che l'ormeggio non costava niente, alcuni ne approfittavano per tutta la stagione estiva.

Un anno, a settembre inoltrato, venne un uragano impetuoso accompagnato da un vento di tramontana così forte che sembrava volesse spazzare via ogni cosa sulla sua traiettoria. Le piogge cadevano a catinelle e si riversarono dal cielo per due giorni e due notti senza sosta. I motoscafi vennero scoperchiati dalle raffiche furiose del vento, mentre la pioggia implacabile riempiva gli scafi, facendoli affondare lentamente nelle acque agitate.

Al sorgere del mattino successivo, io e Ceria ci trovammo di fronte a una scena disastrosa: cinque motoscafi giacevano sommersi, uno ancora legato saldamente alla boa con una catena e un lucchetto. Per liberarlo, non rimase che segare la catena, rischiai anche di ferirmi le mani nel tentativo di salvare l'imbarcazione dalla sua prigionia sottomarina. Gli altri motoscafi erano ancorati con corde, che con pazienza e fatica dovemmo allentare una alla volta prima di trascinarli a riva, sollevandoli poi piano con la gru semovente. E tutto sotto la pioggia incessante che continuava a martellare implacabile. Ormai fradici, ci impegnammo con tutte le nostre forze per recuperare le imbarcazioni. Mentre sollevavamo l'ultimo motoscafo, Franco inciampò su una bitta del molo e cadde in acqua con i suoi stivali da pescatore, che si riempirono subito d'acqua. Per fortuna riuscii ad afferrarlo e, con uno grande sforzo, lo tirai in salvo.

Ci sedemmo qualche minuto sul molo, completamente bagnati ma sollevati e ci ritrovammo a ridere di cuore.

Tornammo a casa, ormai i motoscafi erano a riva e non avevano subito danni.

Il giorno dopo smise finalmente di piovere e noi andammo a Viverone per sistemarli e metterli in moto, facendoli girare per assicurarci che tutto fosse in ordine. Nel frattempo, ci affrettammo ad avvisare i clienti. Su cinque, ben quattro pretendevano un risarcimento, quasi attribuendo a noi la colpa degli eventi atmosferici. Solo uno tra loro ci ringraziò sinceramente e si offrì di pagare il nostro operato.

In quel momento, ci rendemmo conto che non solo i signori della vecchia scuola erano scomparsi, ma che anche il concetto di riconoscenza e di gratitudine era diventato raro. Era come se ormai tutto fosse dovuto, senza alcun apprezzamento per gli sforzi altrui.

9

Quel mondo di pseudo industriali o di gente che badava solo ad apparire mi stava nauseando, non sopportavo più le persone arroganti e piene di pretese che però, al momento di pagare il conto, trovavano mille scuse. Prima spendevano fino a cinque o sei milioni, cifra non da poco, per acquistare il motoscafo e dopo discutevano per pagare una riparazione da duecentomila lire oppure dicevano di mandargli il conto, ma intanto il tempo passava e chiedere i soldi ai ricchi non era elegante. Potevi anche prenderti del morto di fame per una cifra così esigua.

Un giorno, mentre andavo a Viverone, Ceria mi diede una busta da portare a un noto industriale della periferia di Biella. Io curiosai e vidi che conteneva il conto di una riparazione di un motoscafo eseguita qualche mese prima. Arrivato citofonai e chiesi di parlare con il titolare, che mi ricevette in un elegante ufficio, seduto su una poltrona e con i piedi sulla scrivania.

Non dovetti neanche presentarmi, perché ci conoscevamo bene. Gli presentai la busta e dopo averla aperta e preso visione chiamò un'impiegata e le fece compilare un assegno, lo firmò e me lo porse con un ghigno quasi derisorio, chiedendomi di mettere un pagato.

Io guardai e dissi che mancavano ancora 50000 lire.

Per tutta risposta disse che si era fatto lo sconto e che andava bene così. Presi l'assegno e me ne andai senza salutare, la sera lo consegnai a Ceria, dicendogli che avevamo proprio dei clienti di m... Non solo portavamo il conto dopo sei mesi, ma si facevano puro lo sconto del 10% da soli. Ero arrabbiato, anche per lui.

Ma la ruota del destino gira e vent'anni dopo incontrai quel cliente.

Non indossava più abiti firmati, non aveva più la fabbrica e nemmeno auto sportive, ma una vecchia Y10 con la frizione rotta e senza soldi per farla riparare.

La cosa mi lasciò indifferente e decisi di non aiutarlo, e come lui altri che si credevano di essere tra le stelle del firmamento e ritrovai alle stalle.

Era la fine del 1975, quell'anno il salone nautico di Genova era stato anticipato a ottobre. Passammo mezza giornata allo stand Italmarine, l'importatore per l'Italia dei motori Evinrude, e in quell'occasione feci una lunga chiacchierata con il responsabile tecnico che già conoscevo per aver partecipato a dei suoi corsi formativi. Mi diede utili consigli su come gestire al meglio l'officina: innanzitutto accettare solo riparazioni che potevano essere evase settimanalmente, schedare ogni motore con un ordine di lavoro firmato dal cliente, se richiesto fare un preventivo dopo aver visionato il motore, obbligare il cliente a ritirare il motore nei tempi prestabiliti informandolo che a ogni giorno di giacenza supplementare gli sarebbe stato addebitato un costo giornaliero di mille lire, perché avere motori in giacenza in caso di furto, incendio o altri eventi, poteva creare situazioni spiacevoli. E infine essere puntuali nella consegna e preparare la fattura per farsi pagare subito.

Lavorare in quel modo non sarebbe stato male, era l'esatto contrario di come facevamo noi. A ottobre di quell'anno avevamo una giacenza di circa ottanta motori che sarebbero rimasti lì fino alla primavera inoltrata, se non a fine luglio, ma capitava pure che qualcuno lo ritirasse l'anno successivo. Per non parlare dei pagamenti, erano pochi quelli che saldavano alla consegna.

La sera stessa, tornando da Genova, parlai a Ceria di quello che avevo discusso, dei consigli ricevuti e delle mie idee a proposito. Erano tutte cose che, secondo il mio parere, avrebbero portato benefici all'azienda. Purtroppo lui bocciò tutto, affermando che i nostri clienti avevano la massima fiducia e che fare firmare l'ordine di lavoro non sarebbe servito, per quanto riguardava la giacenza dei motori era assicurato e farsi pagare alla consegna non era elegante.

Era trent'anni che lavorava così e non voleva cambiare.

Intanto eravamo arrivati al mese di gennaio del 1976, durante le feste di Natale avevo trovato per caso un inserto di un giornale che parlava di gestione d'impresa e spiegava che con l'inflazione che non accennava a scendere sotto il dieci per cento il costo del denaro aumentava e le imprese che vantavano crediti dai clienti si trovavano in grande difficoltà per via delle banche che si comportavano come strozzini.

Pensai ai consigli di quel responsabile tecnico e parlai di nuovo con Ceria. Gli dissi anche che era troppo gestire due attività perché le persone volevano sempre parlare con lui, se era assente a volte non tornavano e andavano da altri, se invece erano clienti che venivano per pagare, o per acquistare, doveva esserci sempre lui, perché nessun altro era autorizzato o sapeva i prezzi. E per quanto riguardava la nautica ormai il modo di vendere era cambiato: la gente andava dove trovava una gamma di barche esposte con i motori già montati. Per le automobili bisognava avere una vetrina con due auto, non fare andare i clienti nell'officina a vedere le auto smontate.

Quella sera discutemmo a lungo, alla fine mi disse che stava meditando di cedere l'officina delle auto a Fausto Pezzi e a Renzo Guglielmi, e quella nautica a me, così lui si sarebbe solo occupato della vendita.

La stagione iniziò, io ormai mi occupavo solo della parte nautica, ma di cedere l'officina non se ne parlò più. Mi chiesi se avessi esagerato nel dare consigli a una persona che aveva il doppio dei miei anni ed esperienza, però volevo fare qualcosa che mi appagasse, la voglia di lavorare non mi mancava e vedevo le cose cambiare intorno a me.

A fine settembre lo avvisai che entro fine anno me ne sarei andato e lo ringraziai per tutti quegli anni trascorsi gomito a gomito, lui provò a chiedermi se fosse una questione di soldi perché in quel caso ci saremmo messi d'accordo, ma l'idea di cedere l'officina era accantonata.

Era giunto il momento di andare via.

10

Mi misi in proprio, a riparare auto in un saloncino di mia proprietà, non ne volevo più sapere di barche e motoscafi. Finalmente lavoravo dieci ore al giorno, ero libero di sabato e domenica e soprattutto guadagnavo di più. Non mi sembrava vero, potevo anche dedicarmi ai miei passatempi.

Per tredici anni lavorai da solo.

Era dura, ma ero abituato e mi ero organizzato bene. Riuscivo a fare tutti lavori, qualche volta chiamavo a darmi una mano il mio ex collega Renzo Guglielmi, nel frattempo aveva lasciato Ceria per andare a fare il capo officina alla Volvo di Biella. I clienti erano operai, impiegati, artigiani, commercianti, ma tutti pagavano quando ritiravano l'auto. Non persi mai un centesimo.

L'auto era in continua evoluzione e per riparare i nuovi modelli ci volevano sofisticate attrezzature e bisognava seguire dei corsi di aggiornamento, a un certo punto mi accorsi che la mia carriera era giunta a un bivio.

O fare degli investimenti, trovare un salone in via Milano e lavorare sul passaggio, vendendo qualche auto, o fare il dipendente, ma avrebbe significato tornare indietro dopo anni di sacrifici. D'altra parte, non volevo restare autonomo e guadagnare meno di un dipendente.

Così, anche consigliato da mia moglie, decisi di smettere.

Mi contattarono dalla concessionaria Alfa Romeo GT Motor, che stava per aprire i battenti a Vigliano, proponendomi uno stipendio discreto, ma io subito non me la sentii di affrontare un incarico per me così importante. Ero stato abituato a essere partecipe al buon andamento dell'azienda, mentre lì avrei preso ordini da un superiore, però alla fine accettai.

L'organico era formato da dodici persone: un amministratore delegato, tre venditori, tre meccanici, un capo officina, due magazzinieri e due impiegate.

La struttura era di grandi dimensioni, modernissima, di nuova costruzione, l'officina era grande, con quattro ponti sollevatori e tutta l'attrezzatura era nuova.

A noi dell'officina fecero fare dei corsi in Alfa Romeo, purtroppo il marchio che rappresentavamo era appena stato acquistato dalla Fiat e i clienti alfisti erano passati ad altri marchi.

Di quell'esperienza fatico a parlare, perché tutte le persone che ricoprivano incarichi di rilievo sono morte e perché vedere andare a rotoli una grande concessionaria costruita ex novo mi deluse profondamente. Forse il personale che occupava i posti chiave non era all'altezza di gestire un'azienda di quelle dimensioni.

Per quanto riguarda l'officina era ampia e luminosa, ma mancavano gli attrezzi più semplici, dalla chiave dinamometrica a semplici chiavi al cavalletto per i motori. Io feci le mie rimostranze al capo officina e lui mi rispose che era una azienda appena nata e non si poteva spendere più di tanto, anzi, mi disse che avrei dovuto comprarmi la tuta ufficiale Alfa Romeo. Al che mi rivolsi all'amministratore delegato e gli spiegai tutto minacciando di dimettermi. Nel pomeriggio mi chiamò in ufficio e mi autorizzò a comprare quello che serviva, poi andai in magazzino ricambi e ordinai le tute per tutto il personale dell'officina, tanto che il capo andò su tutte le furie. Però dovette adeguarsi, noi dell'officina eravamo uniti e sapevamo difenderci. In ogni caso non si rivelò un bel ambiente, c'erano continue liti tra i venditori, tra magazzino ricambi e officina, per non parlare dei clienti che avevano acquistato un'auto usata e rimanevano regolarmente in panne. Il capo officina era sempre tra l'incudine e il martello, da una parte i venditori che pretendevano di mettere a punto un'auto con 400000 km con poca spesa, perché loro avevano scalato 300000 km, e dall'altra i clienti inferociti che avevano fatto controllare la macchina dal meccanico di fiducia e si erano accorti della truffa. Addirittura uno, dopo aver acquistato una Lancia Thema usata, si rivolse all'Associazione consumatori e riuscì a dimostrare che erano stati scalati i chilometri. Dovettero restituirgli i soldi perché non facesse denuncia.

In un contesto simile era diventato impossibile lavorare e un lunedì mattina l'Alfa Romeo ci staccò i collegamenti, non eravamo più concessionari. L'amministratore delegato per parecchi giorni non si fece vedere.

Si fece avanti il noto pilota di rally Piero Liatti con altri due soci e rilevarono l'azienda, io ero talmente nauseato che preferii cambiare aria. Per un certo periodo fui bombardato di telefonate di clienti che avevano dato in permuta un'auto e continuavano a ricevere richieste di pagamento dei bolli o multe, la ditta non esisteva più e conoscendomi si rivolgevano a me.

La concessionaria chiuse definitivamente a distanza di qualche mese.

L'unica nota positiva fu che mi pagarono fino all'ultima lira.

Era un periodo di transizione, le auto diventavano catalitiche, quindi più sofisticate. C'era bisogno dell'elettrauto per montare gli accessori, le auto arrivavano senza radio, condizionatori, alzacristalli elettrici, antifurto. Il Biellese soffriva la crisi del tessile e ben tre concessionarie di grandi dimensioni chiusero i battenti. Sembrava la fine di un'epoca.

Io intanto fui chiamato dalla concessionaria Volkswagen Audi di Gaglianico, accettai e fu la scelta giusta. Inizialmente mi affidarono il ripristino dell'usato.

Notai subito la differenza della mentalità di questo grande gruppo: innanzitutto era vietato scalare i chilometri, si doveva provare l'auto e riparare gli eventuali difetti, sostituire l'olio e i filtri, controllare meticolosamente che tutto fosse in ordine, usare ricambi originali e per ultimo sostituire la batteria.

Questo sistema di lavorare a lungo portava i suoi frutti, le auto usate erano tutte garantite e non tornavamo mai indietro, i clienti erano soddisfatti.

Quando entrai nella concessionaria Volkswagen Audi capii subito che mi trovavo in un grande gruppo, la differenza con Alfa Romeo era abissale. Tutti i lavori venivano svolti a regola d'arte, in modo particolare le riparazioni delle auto in garanzia erano eseguite con la massima cura e senza badare a spese, l'importante era la soddisfazione del cliente. Il sincronismo tra i vari reparti era ottimo, le ore straordinarie venivano pagate senza fare storie, i capi di vestiario, tute, magliette, giubbotti e perfino le scarpe erano gratuite; quando raggiungevamo certo obiettivi venivamo gratificati con dei bonus in denaro. L'influenza del marchio tedesco si sentiva, infatti l'organizzazione del lavoro era dettata dalla casa madre e tutti i meccanici dovevano seguire un iter formativo presso Autogerma, importatore per l'Italia del marchio

Volkswagen Audi. Prima c'era un test attitudinale e poi un esame finale, e non solo. Dai primi anni del ventunesimo secolo scomparve la letteratura cartacea, così per trovare qualunque informazione riguardante le riparazioni bisognava usare il computer e ogni meccanico ne aveva uno in dotazione, con un programma istituito dalla casa madre, dove digitando il numero di telaio si accedeva alle informazioni.

L'Autogerma istituì un corso anche per quello.

I corsi di formazione si svolgevano a Verona nella sede Autogerma, dove confluivano da tutte le concessionarie d'Italia non solo i meccanici ma anche venditori, magazzinieri e impiegati. Per statuto si richiedeva che i partecipanti fossero presenti la sera prima nei vari alberghi convenzionati, per essere riposati all'inizio dei corsi; dopo la formazione si passava a svolgere la mansione che poteva essere: elettrauto meccanico, diagnostica, motorista.

Dicembre 1997: Squadra Volkswagen-Audi al completo (io sono il primo a sinistra).

Siamo nel 2004, il mondo dell'autofficina è cambiato, il martello e il cacciavite hanno lasciato il posto al computer.

11

Sergio Lanza, quando cominciò l'attività nella nuova sede di via Marconi 2, si trovò a gestire un'azienda importante e fu notato dal Conte Ramy Sambuy, proprietario della SARCA, concessionaria Fiat di Biella che gli concesse l'officina autorizzata Fiat e relativa autorizzazione di vendita.

Era il periodo delle 500, 600, 1100, 850, e mezza Vigliano venne motorizzata dal Lanza, la sua officina era sempre aperta per mettere a punto i camion della Filtilane che potevano essere fermati solo la domenica. Lui, sempre in tuta blu, olio Fiat, rigorosamente con la cintura di cuoio, tipica dei capi officina dell'epoca, coordinava i suoi meccanici e non esitava a scendere nella fossa per aiutare a smontare una frizione o cambiare una balestra, dispensando utili consigli con l'immancabile sigaretta alfa tra le labbra.

Un'altra idea geniale del Sergio fu quella di adibire ad autorimessa la metà della sua struttura, sfruttando le ampie dimensioni, e la cosa ebbe un grande successo. Con l'avvento dei grandi condomìni le auto continuavano ad aumentare e i piccoli box di quei palazzi non bastavano, e poi da lui c'era un servizio a 360 gradi.

Io lo conoscevo da anni. Un sabato sera, se non ricordo male del 1973, lo incontrai al bar Centro di Vigliano e, dopo avermi offerto una birra, mi chiese di dargli una mano a smontare la testata di una Lancia Fulvia di un suo cliente. Quello aveva diverse auto Fiat e aveva cercato di sostituire le candele, ma gli era caduto un corpo estraneo nel cilindro e allora si era rivolto a lui, che però era oberato di lavoro e avrebbe dovuto trattenere l'auto per parecchi giorni, nello stesso tempo voleva accontentare il cliente. Il mattino seguente, anche se era domenica, mi precipitai nella sua officina. Smontammo la testata, riparammo il guasto e rimontammo il tutto, quando provammo la macchina era a posto.

Il motore della Fulvia era abbastanza complicato e smontare e rimontare la testata non era così semplice, bisognava staccare la catena di distribuzione con il tendicatena e rimettere in fase il tutto, inoltre il motore era montato con una inclinazione di quarantacinque gradi, decisamente scomodo, ma con l'aiuto di Sergio riuscii a finire per le quattordici.

Sergio mi voleva pagare, ma risposi che era una cortesia fatta a un amico e collega. Lui non smentì la sua onestà e mi gratificò con il doppio di quello che gli avrei chiesto, in più mi offrì una lauta cena in una trattoria di Ternengo.

Da quel giorno ci furono altri piccoli lavori eseguiti alla domenica, ne ricordo uno in particolare.

L'auto era la Lancia Flavia di un suo amico. Cambiammo la frizione e rimontando il tutto mi accorsi che la barra di torsione posteriore era penzolante, l'attacco sull'assale rotto. Chiamai Sergio per fargli vedere il guasto, oggi avremmo sostituito il ponte posteriore. Lui non si spaventò e mise in pratica tutta la sua bravura realizzando una saldatura, in una posizione davvero scomoda, che durò per tutta la vita dell'automobile. Riuscimmo a consegnarla nei tempi prestabiliti e a farci pagare.

La sera dopo tornai a prendere un attrezzo che avevo dimenticato e lo vidi al banco che stava rimontando un motore OM quattro cilindri con aste e bilancieri e la distribuzione a cascata di ingranaggi. Non avevo mai visto prima un motore simile e mi avvicinai incuriosito. Mi spiegò che per metterlo in fase bisognava usare una sonda per le valvole, dopo aver ricavato il PMS, perché quel tipo non aveva segni di riferimento stampati sul monoblocco, ma come tutti i motori a quattro tempi la regola base era sempre che l'albero motore facesse il doppio dei giri dell'albero a cammes.

Lì capii che anche Sergio era un grande come Franco.

Un'altra volta un camion arrivò in officina trainato, aveva un semiasse rotto all'interno verso il differenziale.

Per togliere la parte tranciata io avrei smontato la scatola e spinto fuori il pezzo, lui invece attaccò tre elettrodi assieme e con la saldatrice puntò il pezzo rotto e lo estrasse risparmiando così almeno tre ore di lavoro.

Mi riempivo d'orgoglio lavorare, seppur saltuariamente, accanto a un uomo di quello spessore tecnico.

Quell'esperienza dell'estrazione del semiasse mi servì circa vent'anni dopo.

Quando chiuse la GT Motor andai ad aiutare uno che riparava mezzi pesanti e carrelli elevatori, un giorno mi portò un muletto con un semiasse rotto. Aveva preventivato due giorni di lavoro, ma io estrassi il pezzo rotto col sistema che avevo carpito dal Lanza e due ore dopo il muletto girava tra lo stupore dei presenti.

Purtroppo Sergio morì all'età di 55 anni, la sua officina continuò l'attività gestita dal figlio Ezio e dal fido meccanico Renzo, con i quali conservai un ottimo rapporto che dura tuttora.

Ceria e Lanza erano cresciuti professionalmente insieme, dividendo per anni gioie e dolori. Anche se si erano divisi erano sempre rimasti amici e mai concorrenti, una cosa però li divideva profondamente: il marchio che rappresentavano. Franco era un lancista convinto, al punto da non voler vedere auto di un altro marchio nella sua officina, Sergio era più moderato ma anche lui fortemente attaccato al marchio Fiat.

Quando si trovavano discutevano in modo vivace, ma alla fine trovavano sempre la via della ragione, magari davanti a un piatto di lasagne e un buon bicchiere di barbera.

A pensarci come cambiano i tempi... una volta Fiat, Lancia e Alfa Romeo erano avversarie e davano motivo di liti, ora sono dello stesso gruppo.

Officina Lanza Sergio in via Marconi.

12

Dopo i pionieri dell'automotive, Ceria e Lanza, non si possono dimenticare i fratelli Barioglio, Fiorenzo e Renato, i quali diedero vita all'omonima officina ubicata in frazione Sobrano, attiva fin dalla fine degli anni Cinquanta. Successivamente andarono incontro a una grande espansione con una nuova sede all'avanguardia per dimensioni e funzionalità, a supporto dei figli Mauro e Giorgio.

Per anni è stata forse la più grande officina del Biellese, punto di consegna delle auto dei dipendenti FIAT.

Un'altra officina importante è stata quella del ciclista Emilio Sarto, passato poi al mondo delle moto e delle auto, che passò il testimone al nipote Bruno Cappelletto. L'attività chiuse nel 2020.

Alla fine degli anni Sessanta, in via Milano, nacque l'autosalone Quadrifoglio di Pietrino Tali: officina autorizzata Alfa Romeo che per anni fu punto di riferimento per tutti gli alfisti. Passata poi a Sergio Martini, è ora il Garage Quadrifoglio.

Pietrino Tali, sardo di Arzachena, dopo aver venduto le terre all'Aga Khan, si trasferì a Vigliano dove aprì l'autosalone con annessa officina. Fu anche un discreto pilota, partecipò a diverse corse in salita e in pista con risultati soddisfacenti.

E come non ricordare i due ciclisti storici, Ugolino Monteferrario e Crezio Vigna. All'inizio si occuparono della vendita di biciclette e in seguito di motorini e motocicli di vario genere, a tutto il paese e non solo.

Ugolino Monteferrario, classe 1900, fu campione di sidecar negli anni Venti e Trenta, partecipando a diverse corse Milano Taranto e a molte cronoscalate. Nella sua officina di via Milano, Sobrano, preparò parecchie moto per piloti locali che si cimentavano nelle gare. La sua officina passò al figlio Adolfo e divenne concessionaria di primarie case motociclistiche, per anni punto di riferimento per gli appassionati del settore.

Crezio Vigna cominciò la sua attività di ciclista dapprima in frazione Amosso, per poi trasferirsi in frazione Centro, dove ben presto diventò rivenditore autorizzato Piaggio. Ben coadiuvato dal fido meccanico Giancarlo Ferraris e dal giovanissimo figlio Ernestino. Purtroppo, morì improvvisamente all'età di 55 anni e il figlio, non ancora maggiorenne, dopo aver frequentato dei corsi avviò ben presto l'attività di installatore di impianti a GPL per auto, con grande successo, tanto che alla sua pensione l'officina passò al figlio Andrea con ottimi risultati.

Rimane l'unica in Vigliano giunta alla terza generazione.

Altro personaggio di spicco è stato il gommista Licio Bardelle, giunto a Vigliano nei primi anni Settanta, ubicatosi in un negozio nel condominio Altair, lavorava in mezzo alla strada per cambiare le gomme a tutta Vigliano. Acquistò la storica officina Ceria, ora gestita dal figlio Alberto.

Il mitico Licio mi raccontò che, quando lavorava nel negozio sotto il palazzo, nel momento in cui accendeva il compressore ai piani superiori i quadri alle pareti iniziavano a vibrare, ma nessuno protestò mai, anche conoscendo quanto lui fosse una persona corretta.

Un altro valente meccanico fu Sergio Broglio, svolse la sua attività in frazione Longagne, ora gestita dal figlio Wilmer.

Anche le carrozzerie ebbero un ruolo importante: la prima fu la Scaglia e Ciofani, sita in via Milano angolo via Molino, poi diventata carrozzeria Viglianese, e trasferitasi poi in via Monte Grappa.
La carrozzeria Giorgio Toniolo, situata in via Milano alla periferia est di Vigliano, attiva fin dai primi anni Sessanta e chiusa nel 2018 per raggiunti limiti di età, era specializzata in auto di grossa cilindrata e fortemente sinistrate, nonché nella costruzione della Dune Buggy, autentica icona degli anni Settanta, destinata alla marcia sulla sabbia.

Infine la carrozzeria Merlo, ubicata in via Milano 14, attiva fin dal 1974 con Ernesto, ora coadiuvato dal figlio Michele.

Gaglianico era la sede ideale per le concessionarie d'auto, forse per la posizione strategica o per la strada Trossi o la vicinanza a Biella. Vigliano invece, pur avendo la via Milano strada di grande transito e anch'essa la vicinanza con Biella, è sempre stata maglia nera.
Ben quattro strutture di grandi dimensioni furono aperte e chiuse in breve tempo.
Ho già raccontato della GT Motor, fu la gioia di fortunati acquirenti di auto nuove che trovarono auto scontate del dieci per cento e i loro usati valutati il triplo del valore, ma dopo nemmeno due anni chiuse i battenti.

Non ebbe fortuna nemmeno la concessionaria Opel, sita in via Delle Industrie, chiusa dopo circa quattro anni.

Stessa sorte anche per Auto Vigliano in frazione Amosso.

Qualche tempo in più durò la MCM, sempre ad Amosso in via Milano.

Un'altra attività dell'indotto che nacque a Vigliano fu l'autodemolizione, all'epoca la prima della provincia.

Fondata dal mitico Arnolfo Monteferrario, detto anche il demolitore dell'aereo, perché aveva messo un aereo in disuso nel prato antistante per attirare l'attenzione dei clienti che arrivavano dalle province limitrofe.

Dall'Arnolfo trovavi tutto, già smontato e sistemato negli scaffali, i prezzi non sempre erano convenienti e bisognava contrattare, ma ci si metteva sempre d'accordo.

Ricordo che una volta mi portò a vedere la *ca' poura* (casa povera), così definiva lui un vecchio cascinale restaurato di sua proprietà, sulla collina di Cossato. Rimasi a bocca aperta nel vedere una collezione di auto dagli anni Venti fino agli anni Sessanta, tutte funzionanti e perfettamente originali. Lui mi strizzò l'occhio e mi disse che provenivano dal rottamaio di Vigliano.

Un altro personaggio di spicco nel mondo dell'auto fu il mitico Gatun, Roberto Guabello, nel suo atelier di vicolo Burrone confezionava interni d'autore per tantissime auto d'epoca e moderne. La sua specialità erano i sedili in pelle delle lussuose auto inglesi, abilissimo anche a confezionare teli per coprire motoscafi. Ora la sua azienda è passata al figlio Giuseppe in una struttura più ampia a Cerreto Castello, ma quando capita un lavoro certosino il mitico Gatun mette a disposizione tutta la sua esperienza.

Un discorso a parte lo merita senz'altro la Ghedauto, unico autosalone multimarche rimasto a Vigliano.

Nato dall'intraprendenza di Luca Ghedini, figlio d'arte di Remo, apprezzato meccanico per quarant'anni in via Detomati. Ora è un autosalone di ampie dimensioni con servizio assistenza dislocato a poche decine di metri.

Non possiamo dimenticare la Madecar, officina autorizzata Bosch, di Enrico Mangolini e Corrado De Candia, che per venticinque anni è stata attiva in via Quintino Sella.

L'officina di Giorgio Fontana, sita in Piazza Avogadro di Collobiano, l'unica in Vigliano specializzata in elaborazioni di auto da corsa, nei decenni scorsi ha preparato auto che hanno vinto gare a livello nazionale.

Ora Vigliano è molto cambiata, le industrie tessili che facevano da volano all'economia sono scomparse una a una, fatta eccezione per la ex Filatura di Chiavazza, oggi Zegna Baruffa, e qualche piccola azienda artigiana.

Anche l'agricoltura dedita all'allevamento è scomparsa, le storiche cascine della famiglia Rivetti (Getta, Rossignolo, Chioso) sono passate di mano e diventate residenze di lusso.

Altre piccole attività artigianali e commerciali hanno dovuto chiudere, in compenso sono nati come funghi i supermercati e i centri commerciali.

Per noi viglianesi rimane il ricordo del *subiun*, il fischio della Pettinatura Italiana o della Cerruti e Perolo, che scandivano l'inizio o fine del turno, e la fiumana di operai che si riversava per le strade.

All'epoca a Vigliano, come d'altronde in ogni parte del pianeta, regnava un astio politico tra i due maggiori partiti: la Democrazia Cristiana e il Partito Comunista.

Durante la campagna elettorale si poteva assistere anche a delle baruffe tra i più facinorosi delle due fazioni, anche perché la Casa del Popolo dove si studiava Marx era adiacente alla chiesa parrocchiale con annesso oratorio, dove si studiava la religione cattolica.

L'oratorio era frequentato da quasi tutti i ragazzi in età adolescenziale, disponeva di un bar, una sala giochi e una sala cinematografica dove il giovedì sera, il sabato e la domenica, si proiettavano film di seconda visione.

Nel campo di calcio molti ragazzi sognavano di diventare calciatori professionisti. Tutte le estati veniva organizzato un evento che riscuoteva un grande successo: il torneo delle frazioni. Le squadre partecipanti erano cinque: Amosso, Centro, Sobrano, San Quirico e Comottese. I giocatori dovevano risiedere nelle suddette frazioni salvo qualche eccezione, la frazione Amosso detta Amos era molto popolata e poteva contare fior di giocatori, i vari Caviglione, Porrino, Botta, Capietto e molti altri, ma non vinse mai il torneo. Allora era denominata piccola Russia, e quindi anche anticlericale, e giocare sul campo parrocchiale non giovava.

Le liti tra le tifoserie delle varie frazioni erano all'ordine del giorno, a volte generate da vecchie ruggini, tanto che spesso doveva intervenire il parroco per calmare gli animi.

Per poter frequentare l'oratorio, e avere accesso alla sala giochi e al campo di calcio, era richiesta la presenza alla Santa Messa delle ore nove della domenica. Chi non rispettava questa regola veniva richiamato ed esortato ad assolvere il suo dovere.

La Casa del Popolo adiacente alla chiesa parrocchiale Maria Vergine Assunta, era il ritrovo di persone anziane, per lo più socialisti e comunisti, vicino c'erano anche un bar e un negozio di alimentari. Ogni tanto si assisteva a qualche scaramuccia tra i partecipanti alle processioni della parrocchia e qualche avventore della Casa del Popolo, erano i tempi di Peppone e Don Camillo. Poi i rapporti migliorarono fino a diventare amici.

Un fatto che ricordo bene capitò verso la fine degli anni Cinquanta, durante una processione in onore alla Madonna. Mi sembra fosse maggio inoltrato, il corteo si snodava dall'asilo Rivetti Mazzucchetti verso la Chiesa S. Maria Assunta passando proprio davanti alla Casa del Popolo. Io ero accompagnato da una vecchia zia e cantavo le lodi alla Madonna, quando sentii degli insulti provenire dal balcone della Casa rivolti verso i giovanotti che portavano la croce e l'effige della Madonna (quanti stupidi appresso a una croce di legno o qualcosa di simile...). La processione continuò senza che ci fosse nessuna reazione. Dopo circa un'ora, tornando a casa, vidi che davanti a me camminavano i giovanotti che avevano portato la croce. Passando davanti alla Casa del Popolo notarono davanti al portone quelli che poco prima li avevano insultati e non esitarono a farsi giustizia a suon di cazzotti. Ci fu un gran parapiglia e dovettero intervenire gli intellettuali del PCI e il Parroco a riportare la calma.

Rapportato ai giorni nostri sarebbero fioccate denunce, ma quel giorno tutto finì a tarallucci e vino.

Al piano superiore della Casa del Popolo c'era una sala da ballo molto frequentata, chiamata Poker d'Assi, attiva tutte le domeniche sera e nei giorni festivi.

Il motto era: quando il calendario segna rosso, al Poker d'Assi si balla.

Quanti amori sono sbocciati in quella sala...

Le ragazze che andavano a ballare non erano molte, ma c'era un'eccezione durante le feste comandate o alla veglia di Carnevale o di Capodanno. Per alcune quella sala fu galeotta per la loro prima volta.

I bar erano pieni di gente che giocava a carte o discuteva di Coppi e Bartali, dell'Inter o della Juventus. Prima di mezzanotte non chiudevano.

E proprio pensando al ciclismo e al calcio mi tornano in mente due episodi.

Il 14 luglio 1948 anche Vigliano non rimase indifferente all'attentato allo statista Palmiro Togliatti. Fu proclamato uno sciopero. C'erano vecchie ruggini generate dalla guerra, anche se finita da tre anni, e si temeva il peggio. Per fortuna ci pensò il grande Gino Bartali, che staccò tutti sul Col dell'Izoard ipotecando così il Tour de France.

A Vigliano, in frazione Amosso, risiedeva un grande tifoso di Bartali, il mitico Cichin, che rispondeva al nome di Francesco Vergano. Per giorni non uscì di casa per sfuggire agli sfottò, perché il suo idolo Bartali aveva accumulato più di venti minuti di ritardo da Bobet, la maglia gialla, ed era già dato per finito da tutti. Allora alcuni abitanti di Amosso prelevarono il Cichin da casa e, dopo averlo vestito con la maglia gialla della Legnano, lo fecero sfilare per le vie di Vigliano in bicicletta, accompagnato da quattro motociclisti con bandiere e trombe e alle grida di "viva Bartali viva l'Italia", così le acque si calmarono fino a tornare alla normalità.

Nel mese di giugno del 1965, dopo la vittoria in rimonta dell'Inter sul Milan nel campionato di calcio di serie A, due avventori del bar Mosca, all'epoca gestito da Giovanni Cervi, Carlo interista e Sergio Botta milanista, omonimi di cognome ma non parenti, fecero una scommessa. Naturalmente vinse Carlo e si fece trasportare per le vie del paese sul carretto (*gagliota* in viglianese) trainato da Sergio, tra due ali di folla che al loro passaggio salutarono i due scommettitori con scroscianti applausi, per poi trovarsi tutti a una cena presso la Trattoria Antica.

Alla fine degli anni Cinquanta, primi anni Sessanta, l'automobile cominciava a essere un bene comune, le Cinquecento e le Seicento andavano per la maggiore, la Fiat aveva iniziato a fare i finanziamenti tramite la finanziaria Sava, ma c'era già chi comprava la Giulia firmando delle cambiali.

I distributori di benzina erano ben tre nell'arco di cinquecento metri: Ozo, Agip e Fina.

Le automobili si guastavano anche allora e venivano trainate con una corda alla più vicina autorimessa, c'era anche chi rimaneva in panne lontano da casa e chiamava il suo meccanico.

Ricordo negli anni Settanta di aver trainato con una fune da Milano a Vigliano una Jaguar passando per l'autostrada, non so se sia stata imprudenza o temerarietà, probabilmente era vietato, ma la polizia o i carabinieri erano tolleranti.

La nostra via Milano, lo stradone per i viglianesi, era molto trafficata e tristemente nota per gli incidenti, talvolta anche mortali, ma con l'avvento della superstrada il traffico venne dimezzato.

Quando capitava un incidente lungo via Milano, bisognava liberare la strada dai veicoli coinvolti e i carabinieri di Vigliano, competenti per territorio, si rivolgevano a Ceria perché arrivasse col suo carro attrezzi. Ricordo che un sabato sera lo chiamarono per recuperare una motocicletta coinvolta in un incidente a Valdengo e lui mi mandò con Mario Zaramella, entrambi senza patente.

I carabinieri ci ringraziarono pure.

Epilogo

Com'è cambiato il paese di Vigliano, è cambiato a ritmo vertiginoso anche il mondo dell'automotive. Fare dei paragoni con le auto di ieri è improponibile. Ogni epoca ha la sua storia, certamente le auto di oggi sono molto più confortevoli, sicure, meno inquinanti e più sobrie nei consumi.

Con l'avvento dell'auto elettrica il mondo cambierà ancora. Verrà meno il rapporto tra uomo e macchina, così come quello tra meccanico e cliente; la classica officina generica non potrà più gestire tutte le problematiche di un'auto moderna, verranno assunti sempre meno apprendisti e bisognerà rivolgersi alla casa madre per buona parte degli interventi complessi.

Il mondo delle concessionarie, e in generale delle officine, è profondamente mutato. Una volta si entrava in ambienti che odoravano di carburante, era meglio evitare di appoggiarsi in giro per non rischiare di sporcarsi d'olio e si veniva accolti da meccanici o dal capo officina in persona. Adesso l'officina, specie nelle concessionarie, è nelle retrovie, si entra in un bel salone da esposizione, pulito e profumato; ad accoglierti, come fosse la reception di un hotel, un uomo o una donna di bella presenza esperti più di marketing che di meccanica.

È venuto meno quel legame umano e di fiducia tra il cliente e il tecnico.

Ora ci si improvvisa un po' tutti esperti del settore e l'officina di riferimento non è quella in cui ci sono le persone più competenti, ma quella che offre la soluzione più economica e in tempi più celeri.

Una volta per ottenere uno sconto si pagava in contanti e si vendeva privatamente la permuta, oggi la prima cosa che viene proposta dal venditore è il finanziamento, perché oltre al guadagno che avrà, obbligherà il cliente a stipulare un'assicurazione e il prolungamento della garanzia, magari finanziando il tutto.

L'usato con meno di cinque anni è ricercato, quindi è un buon affare per la concessionaria

Mentre anni addietro c'erano concessionarie che scalavano anche 150000 km, oggi fortunatamente questo uso è diventato reato penale. In ogni caso sarebbe difficile con i nuovi modelli. Basta fare un giro dal concessionario, collegare la presa OBD al sistema di diagnosi e si vede tutto: chilometri, tagliandi, eventuali passaggi in officina. In più oggi c'è la garanzia.

Quando si dà un'auto in permuta si fa la mini voltura a favore del concessionario e si evitano tutti i guai, una volta invece si faceva la procura ma si era sempre responsabili fino a una eventuale voltura. Quanta gente ha dovuto pagare bolli, multe e quant'altro senza possedere più l'auto.

Anche il modo di fare il rifornimento del carburante è cambiato, prima l'automobilista aveva il distributore di fiducia, dove poteva trovare un rapporto umano con il gestore e il carburante costava lo stesso prezzo ovunque, ora si sceglie quello più conveniente.

Dopo quarantacinque anni, passati nel mondo dell'auto, ho visto dei cambiamenti epocali, sia nelle automobili sia, e soprattutto, nelle persone. Ora ogni cosa va messa per iscritto e archiviata, per potersi difendere da eventuali reclami, i clienti sono prevenuti perché hanno letto su internet o hanno visto la trasmissione televisiva che parla della disonestà dei riparatori di automobili, la stretta di mano che sigillava un rapporto di fiducia è scomparsa.

Chissà cosa ci riserverà il futuro…

Proprio in questi giorni ho incontrato un responsabile vendite di una concessionaria della zona, passata recentemente a un grande gruppo, e mi ha raccontato che dopo una prima riunione gli è stato imposto di vendere solo con finanziamenti. La bravura del venditore sarà quella di convincere il cliente che finanziando l'intero importo ha fatto l'affare del secolo.

Le auto in futuro le acquisteremo con un click, ce le consegneranno con i droni e quando si fermeranno le rispediremo al mittente.

Qualcuno dice che non si deve parlare del passato, ma non credo sia vero, per me è molto piacevole.

Mi permetto una citazione da un libro di memorie di una maitresse che ebbe un certo successo:

"Il passato ha sempre il culo più roseo".

E anche un celebre avvocato torinese affermava:

"Chi non ha ricordi di solito li ha così brutti che non li vuole rievocare."

Io, invece, di ricordi ne avevo tanti e belli da raccontare, e li ho voluti condividere con chi mi leggerà. Ricordi intrisi di lacrime e risate, di rimpianti e nostalgia, di cadute e vittorie, di rabbia e felicità.

Tutti frammenti di vita.

Giugno 2012: Natalino e consorte al tour dei vigneti a Cassine (AL), terzi classificati.

Indice

Prologo 7
1 9
2 21
3 31
4 37
5 45
6 52
7 59
8 64
9 70
10 74
11 80
12 84
13 89
Epilogo 95